王溢嘉 —— 著

青春第二课

人类群星青春时

北京联合出版公司
Beijing United Publishing Co.,Ltd.

图书在版编目（CIP）数据

青春第二课：人类群星青春时 / 王溢嘉著.
北京 ：北京联合出版公司, 2025. 6. -- ISBN 978-7
-5596-8384-7

Ⅰ. B844.2

中国国家版本馆 CIP 数据核字第 2025J39513 号

本书由作者王溢嘉授权北京新东方大愚文化传播有限公司在中国大陆地区出版其中文简体字平装本版本。该出版权受法律保护，未经书面同意，任何机构与个人不得以任何形式进行复制、转载。
项目合作：锐拓传媒copyright@rightol.com

北京市版权局著作权合同登记 图字：01-2025-1208

青春第二课：人类群星青春时

作　　者：王溢嘉
出 品 人：赵红仕
责任编辑：牛炜征
产品监制：王秀荣
策划编辑：郭　城
封面设计：尚燕平
版式设计：申海风

北京联合出版公司出版
（北京市西城区德外大街 83 号楼 9 层 100088）
河北松源印刷有限公司印刷　新华书店经销
字数154千字　880×1230 毫米　1/32　7 印张
2025 年 6 月第 1 版　2025 年 6 月第 1 次印刷
ISBN 978-7-5596-8384-7
定价：39.80 元

版权所有，侵权必究

未经书面许可，不得以任何方式转载、复制、翻印本书部分或全部内容。
本书若有质量问题，请与本公司图书销售中心联系调换。电话：（010）64258472-800

自序　来自辉煌人生的召唤与启迪

青春，需要的不是训诫，而是典范。

人生是一所学校，也是一门功课。我们每个人都要在不同的人生阶段，走进不同的教室，一边体验，一边学习各种课程。而在所有阶段中，青春期无疑是最骚动也最关键的时刻，内有剧烈的生理变化，外有检验学习成果的考试压力，而且面临着心理学家埃里克森所说的"自我认同"与"角色混淆"的关口。古希腊"舞台上的哲学家"欧里庇得斯早在两千多年前就说："青春，是让人变为富有的最佳时机，也是让人沦为贫困的最佳时机。"这里的"富有"和"贫困"不只是物质上的，更是精神上的。

那青春的功课是什么呢？教育机构已为所有的初中生和高中生准备了各种课程，我将它们称为"青春第一课"，虽然重要，基本

I

上,它们只是大家公认的"青春应该学习的知识",而非"关于青春的知识"。对多数处于青春期的学子来说,他们更感兴趣、更需要学习的也许是跟他们的自我追寻、自我认同相关的课程,也就是"关于青春的知识",我将它称为"青春第二课"。

人生最重要的功课是去发现、追寻、实现属于自己的、独特的生命意义,而青春期正是对未来产生憧憬、开始编织梦想、动身去追寻的时刻。如果说"青春第二课"就是要教你如何及早确立人生的目标、编织瑰丽的梦想、激发凌云的壮志、坚韧不拔地朝目标迈进的方法,那就冠冕堂皇得近乎迂腐,而且把问题过度简化了。青春,其实也是一个极度混乱、骚动,让人感到非常迷惘、彷徨、挫折的人生阶段,没有什么"正确而统一"的知识和方法能为所有人指点迷津。

要想获得"关于青春的知识",最直接且有效的办法是从过来人身上撷取,坊间有不少名人和伟人的传记可供参考。我觉得,"关于青春的知识"既非"一种",亦非"十种",而是"多如恒河沙数"。因为每个人都是独一无二的,每个人要如何成为他自己的知识都不尽相同,光看几个人的传记是不够的,甚至牛头不对马嘴。而且,我也深信,只有青春才能启发青春,也只有青春才能说服青春。名人和伟人成年后,甚至老年的生活经验离青少年毕竟太遥远,青少年最需要知道,也最感亲切的是这些名人和伟人在青春年少时的经历、想法和做法。有鉴于此,本书在取材上尽量多样,总共挑选了100个具有代表性的人物;在叙述上则聚焦于他们在青春年少时的某段特殊经历,并和他们往后的辉煌人生建立某种联结。

这些名人来自世界各地,有男有女,后来从事的工作五花八门,家庭背景多样,性格不一,学习成绩参差不齐。从他们的青春故事中,我们更会发现,成功或令人满意的自我追寻并没有什么固定的轨迹,不只条条大路通罗马,不少人所走的方向甚至完全相反。100

个故事提供了100个典范，这不是让人无所适从，而是想提醒读者，人生是多样的，成功的道路也是多元的，希望大家除了能从这些名人的青春剪影里"看到自己"，更能从中找到自己喜欢的或适合自己的观念和做法，兼容并蓄，用他们提供的知识，排列组合出引领、照亮自己青春的知识。

所有的阅读都是在发现自己，阅读名人的青春故事不只是在发现自己的青春，更要从中听到某种召唤，受到一些启迪，看到一个许诺，然后满怀热情与期待，动身去追寻并实现自己的生命意义。这也是我写这本书的最大用意。

王溢嘉
2012年12月

目录
contents

第一章　认 | 知 | 篇

从对立走向和谐　　　　　　　　3

做"正向性"的选择　　　　　　5

储备强韧的生命力　　　　　　　7

你不必成为全才　　　　　　　　9

用兴趣指引人生　　　　　　　　11

用科学批判传统　　　　　　　　13

阅读自己的内心　　　　　　　　15

要记得什么，由你决定　　　　　17

让兴趣参与学习　　　　　　　　19

成为"不一样的女人"　　　　　21

在黑森林中的迷惘　　　　　　　23

重要的是向何处去　　　　　　　25

因死亡刺激而奋起	27
向家族企业说"不"	29
用怀疑树立信念	31
"苦尽甘来"好过"甘尽苦来"	33
在凝视中发现自我	35
人生不止一次选择	37
在法律与医学的岔路上	39
开启未来的钥匙	41
做一个"完整的人"	43
自我管理的笔记本	45
境随心转	47
在神户的华丽异境中	49
面包与诗集的取舍	51

第二章　|能|力|篇|

| 珍惜天赐的礼物 | 55 |
| 健康是唯一的资产 | 57 |

因为无聊，所以丰富	59
从一粒沙里看到世界	61
玉不琢，不成器	63
蝴蝶与坦克	65
主动出击，做到最好	67
十年精读一本书	69
假装自己是位名作家	71
学习的五种方法	73
听见不同的鼓声	75
尺有所短，寸有所长	77
门板上的樱桃与蛀虫	79
让想象成为习惯	81
要卖文具还是卖鸭蛋	83
如何让老虎专心	85
动手之前先动脑	87
一扇特别的窗	89
台上一分钟，台下十年功	91

第三章 |品|质|篇|

推销自我的勇气和胆识   95

勇气的阶梯   97

养成严谨的习惯   99

好奇的魔力   101

接受军事训练洗礼的感性   103

听从良知的呼唤   105

走在偏僻而美丽的土地上   107

就算倒下,起码也奋斗过   109

对观念多一点好奇   111

真正的叛逆是勇于说"不"   113

在叛逆中成长的英雄   115

坚忍的真谛   117

缺少谦虚就是缺少见识   119

什么是真正的"美"?   121

凡事全力以赴   123

大只鸡慢啼   125

舞出不一样的自己	127
培养自信的秘诀	129
狮子林里的太湖石	131
不要停止发问	133
接纳一切经历	135
不想等到失败再后悔	137
学会推开机会之门	139

第四章　|心|态|篇|

认清真正的渴望	143
为问题感到高兴	145
大自然中的孤独猎人	147
贫穷是最丰厚的遗产	149
有心学不怕找不到老师	151
不要先入为主	153
心想，行动，事成	155
用梦想摧毁现实	157

胜利者的伤疤	159
不要落入评价的"圈套"	161
缺而不陷	163
人生就要精彩地活	165
以喜剧之眼看待不幸	167
用行动擦去灵魂的锈斑	169
纪念痛苦的方式	171
苦难是磨炼心志的良机	173
从绝望中寻找希望	175
孤独不等于寂寞	177
玩好手中的牌	179

第五章　│情│感│篇│

爱在青春困顿时	183
点燃生命的热情	185
青春的骚动	187
继承父亲的"衣钵"	189

同中有异的哥们儿	191
用教育点燃火苗	193
将泪水化为彩虹	195
为成为英雄的伴侣而生	197
为过错真心忏悔	199
请掸去老师桌上的灰尘	201
人生需要典范	203
没有改变就没有成长	205
在爱中发现善与美	207
对美德典范的热情崇拜	209

第一章

认知篇

> 你只能年轻一次,但如果善加利用,一次也已足够。
>
> ——刘易斯(美国谐星)

从对立走向和谐

自然是用对立的东西来制造和谐,而非用相同的东西。

——亚里士多德(古希腊哲学家)

二十世纪七十年代,在美国檀香山(即火奴鲁鲁)的一所私立中学里,一个十六岁的少年经常郁郁寡欢。当情绪跌落谷底时,他偶尔会借药物来麻醉自己。他的处境的确很糟,由于复杂的血统和成长背景,他无法得到同龄人的认同。

他母亲是来自美国堪萨斯州的白人,父亲是来自非洲肯尼亚的黑人,两人在夏威夷大学认识并结婚。但父母在他两岁时就离异了,记忆中,"父亲的皮肤像沥青一样黑,母亲的皮肤却像牛奶一样白"。母亲后来又嫁给一个来自亚洲印度尼西亚的留学生,他六岁时随母亲与继父迁居到印度尼西亚的雅加达,四年后又回到夏威夷,和外祖父母住在一起。

就是这样复杂的身世让他感到迷惘,经常在白人与黑人的身份间摇摆不定。"我是谁?"的问题让他苦恼万分,再加上青春期的躁动,他借药物来麻醉自己,从它们制造的暂时幻象中寻求解脱。

幸好幻象是暂时的,彷徨也是暂时的。高中毕业后,他先到加利福尼亚州,再转往纽约念大学,然后到芝加哥从事社区工作,慢慢找到自己人生的方向。随后,他又到哈佛大学法学院就读,成为民权律师,最后走上从政之路。

他,就是曾任美国总统的巴拉克·奥巴马,也是首位同时拥有黑人和白人血统、童年在亚洲成长的总统。他在竞选时喊出的一个口号是"重新联合分裂的美国社会"。

在青少年时代让奥巴马感到迷惘与痛苦的身世,后来却成为成就其辉煌人生的一大助力。就像奥巴马在法学院的朋友巴特所说:"巴拉克具备一种消弭分歧的能力,这种能力来自他的成长背景:他在白人家庭长大,但人们把他当作黑人看待。他必须接受并适应这种身份对立,正是这种对立造就了他。"奥巴马融合了自己身上看似彼此冲突、矛盾的成分,他的成功不是靠"制造对立",而是靠"从对立中制造和谐"。

亚里士多德说:"自然是用对立的东西来制造和谐,而非用相同的东西。"每个人的心中都有各自的矛盾、冲突和对立。弱者向下沉沦,靠药物或享乐来麻醉自己;强者则向上提升,调和这些矛盾,开创更美好、更和谐的新局面。

做"正向性"的选择

> 下定决心,果敢行动,并承担后果,世间没有什么好事来自犹豫不决。
>
> ——赫胥黎(英国生物学家)

二十世纪六十年代,香港李翰祥导演的黄梅调电影《梁山伯与祝英台》在台湾引发轰动,各地掀起了演唱黄梅调的热潮。台北的一家电台趁热打铁,举办"黄梅调歌唱大赛"。一个十一岁的少女在她的声乐老师做主下,报名参加比赛。预赛时过关斩将,顺利进入决赛。

被蒙在鼓里的父亲得知消息后,不仅不高兴,而且百般阻挠女儿参加决赛,因为他是军人,不愿意女儿在外面抛头露面,让人看笑话。声乐老师只好转而求助于少女的母亲:"参加决赛不过半天的时间而已,却关系到她的一生啊!机不可失,时不再来……"在老师不断地怂恿与恳求下,母亲最后终于答应送女儿去参加决赛。

决赛当天，老师为少女借来了一套京剧生角的精致戏装，少女打扮成梁山伯，唱了一曲《访英台》。珠圆玉润的歌喉，清纯婉约的情感，将歌曲演绎得缠绵悱恻，结果一鸣惊人，博得热烈掌声，也一举拿下决赛的冠军。声乐老师说得没错，这次比赛影响巨大，成了她人生的转折点。从此以后，她开始在台湾歌坛崭露头角，更为自己未来的歌唱事业拉开了序幕。

她就是后来红遍海峡两岸、东南亚和日本的邓丽君。她的声乐老师常荫椿可以说是发掘邓丽君这匹"千里马"的"伯乐"。更早以前，当常荫椿无意中发现邓丽君有歌唱的天分，想收她为徒时，同样遭到邓丽君父亲的反对，后来，还是母亲想让从小喜欢唱歌的女儿有发展的机会才答应的。

就读金陵女中时，因为已经开始歌唱生涯的邓丽君经常缺课，校方要求她必须在学业与歌唱间做出抉择。出于对歌唱的热爱与对自己未来的信心，虽然不无遗憾，但她还是决定放弃学业。这次，父亲倒是跟她站在同一阵线，支持她的决定。她也因此在十四岁时，踏上了歌唱的"不归路"。

在人生的旅途中，我们经常面临重大抉择，每个选择都会影响未来的人生。虽然有些选择我们做不了主，但比"做主"更重要的是选择的"正向性"。很多人不想读书、放弃学业，美其名为"选择"，其实是在逃避功课的压力，这是"负向性"的决定。邓丽君则是为了积极发挥自己在歌唱方面的才华（比读书更忙碌而辛苦），在鱼与熊掌不可兼得的情况下，不得不忍痛选择放弃学业的。这样的选择才是有意义且值得我们学习的。

储备强韧的生命力

赢不是靠运气，而是靠准备。

——马利斯（美国职业棒球运动员）

在日本千叶县的某所初中，某天出现了一个看起来与众不同的初一学生。他剃了个相当显眼的大光头，老是穿着运动衣，经常带着一根长木棒到教室，这里敲敲、那里打打。

希望他将来能当个男子汉的父亲，在他读小学一年级时，就带他到道场去学习剑道。每周三天的练习，使得小小年纪的他在戴上防具、执剑起身时，已有大将之风。因为表现优异，加上不服输的个性，每次对外比赛，他总是担任第一战前锋队队长，也总是能先声夺人，提振士气。

就读初中时，他理所当然地加入剑道部，继续当"男子汉"，后来转而加入体操部。除了剑道、体操，他也喜欢足球、棒球。热爱运动的他总是穿着运动衣,根本没兴趣打扮自己,而且因为嫌头发会妨碍运动,所以剃了个大光头,直到初三时才又开始留头发。

初三时,学校举办足球比赛,为了班级荣誉而抱着必胜决心的他,下课后和一位同学练球,由对方踢球,他当守门员。第二天,他的手包着绷带来到学校,大家这才知道昨天他跳起来扑球时手指骨折了。他却像个男子汉般说:"没什么事啦!"

有一天,他忽然接到一个奇怪的电话,要他去参加下周日的甄选会。原来,他的一位阿姨瞒着大家,偷偷把他的履历寄给了日本演艺界专门挖掘少年新秀的杰尼斯事务所。好动而开朗的他觉得这听起来"蛮好玩的",于是欣然前往,接受挑战。

他就是后来成为日本名歌手与名演员的木村拓哉。在通过杰尼斯事务所的面试后,他一边读高中,一边练习表演,然后成为"滑板男孩"的成员正式登场演出。虽然是伴舞的角色,但对一向热爱运动的他来说,滑板与舞蹈不仅让他如鱼得水,更成了载着他奔向灿烂前程的工具。

在成为国际巨星后,木村拓哉说自己最欣赏蒲公英,因为"不管种子飞到哪里,就在那里落地生根,只要有土地和水,就能开出美丽的花朵"。他认为自己就像蒲公英,会开出美丽的生命之花,其动力主要来自强韧的生命力。

当木村拓哉还剃着个大光头时,他根本无法预知自己的未来。现在的你也无法预知你的未来。不管你将来会飞到哪里,要想落地生根、开花结果,都必须先储备足够坚强而旺盛的生命力,并养成做好每件事的习惯,因为机会只和已经在舞池里的人跳舞。

你不必成为全才

唯一干扰我学习的东西是我所受的教育。

——爱因斯坦（诺贝尔物理学奖得主）

在德国慕尼黑一所高中的某间教室里，老师正在教希腊文，一个坐在后排的学生却心不在焉，而且闷闷不乐。家人不久前都搬到意大利去了，只留下他一人在此上学。他对学希腊文一点兴趣也没有，也听不懂老师在说什么。这位老师还奚落他，说他的存在破坏了课堂上"应有的尊严"，劝他别浪费时间，及早离开学校才是上策。

他真的离开了学校，到意大利和父母会合，然后报考了瑞士一家不要求高中文凭的技术学院，却因为语文和生物等科的分数很低而落榜了。幸好这所技术学院的校长和一位物理教授发现他的物理和数学分数奇高，而且只有十六岁，于是要他再去读一年高中，等毕业了即可直接入学，不必再参加令他头痛的考试。

于是，父母安排他在瑞士的一所高中继续学业，但一看到课程表里有歌唱、体育和军训课，他心里又发麻了，因为他最痛恨在大家面前唱歌和做运动，也对军训怀有敌意。幸好，后来他发现歌唱和体育只是选修，外国人也不用上军训课，才松了一口气。在这所高中，他的成绩依然是"高低兼备、好坏杂陈"，总算毕了业，不久也顺利进入那所技术学院就读。

他就是阿尔伯特·爱因斯坦，他后来就读的学校即为苏黎世技术学院。从技术学院毕业后，在瑞士专利局工作期间，他发表了关于相对论的论文，又因对充电效应的研究于1921年获得诺贝尔物理学奖，并被誉为二十世纪最伟大的物理学家。

如果当初不是苏黎世技术学院的校长和教授慧眼识英才，特别通融，爱因斯坦很可能会因为分数问题而被拒于学院门墙之外。所谓的入学分数，通常指的是各科总分。学校教育希望每个人又会物理，又会写诗，既能唱歌，又能打球，也就是想将每个学生都培养成"全人"或"全才"。这样的"教育理想"看起来虽然是用意良善，但对很多人来说，其实是一种"折磨"。学校的音乐课逼一个不会唱歌的人在众人面前唱歌，换来同学们的讪笑，这无异是在提早扼杀、摧毁他将来接受音乐熏陶的机会。

每个人都有自己不喜欢或学不来的科目，如果你因此而受人奚落并陷入苦恼，那就让爱因斯坦来安慰你吧！

用兴趣指引人生

在才能与世界需要的交叉点，躺着你的志业。

——亚里士多德（古希腊哲学家）

  有一个人，从台湾省的花莲到台南，一共念了四所小学。最后念的是注重升学、对学生严加督导的学校，他经常因考试成绩不理想而被打，结果升初中的考试考上第二志愿。他后来的妻子知道后，说："打这么多还没考上第一志愿，也真够笨的。"

  念初中时，他虽然不太喜欢读书，但成绩还算中上，属于"乖乖牌"。因个性温和，对任何人都没有威胁，所以同学都很喜欢他。高中联考，他考上南二中（后来转学到南一中），还没去念，当校长的父亲也许是想让他及早知道自己的兴趣或未来的方向，兴冲冲地拿来一份大学联考各组的志愿表给他看。他看了看，就知道自己不是读理工医农的料，但文科的外文、法商、新闻、外交等科系，又让他觉得没啥意思。

喜欢看电影的他对父亲说："这些我都不喜欢，我想当导演。"导演？这可是当时大学里没有的科系，家人听了都一笑置之，没把它当回事。他念南一中时，天天补习，但成绩都落在二三十名之外。他在学校里变得驼背又害羞，总是低着头走路，生怕撞见一个人——当校长的父亲。

他大学考的是丁组（法商），第一年以六分之差落榜；第二年重考，又以一分之差落榜。家人找不到他，到海边只看到他的脚踏车，还以为他想不开跳海轻生了。

他就是李安。联考二度落榜后，他放弃了大学梦，当时艺专有电影相关科系，于是他转而准备专科考试，结果考得不错，进了艺专影剧科。后来，他到美国留学，以第一名的成绩从纽约大学的电影研究所毕业。在家当了六年"家庭主夫"后，终于以《推手》《理智与情感》《卧虎藏龙》《断背山》《少年派的奇幻漂流》等电影成为世界知名的导演。

李安在考上艺专影剧科后，第一个电话打给了他以前就读的花师附小的校长，因为这位校长当年曾看出他的禀赋和兴趣所在，对他父母说："你这个孩子将来可能走第八艺术！"因此他把这位校长当作自己的"伯乐"。从这件事即可知道，为了父母和社会的期待，为了考大学而一再补习，对他来说是何等寂寞、无奈和折磨。

条条道路通罗马。地球上只有一个罗马，但每个人心中都各有自己的罗马。只有你的兴趣所在，才是你的罗马——你可以抵达的罗马。

用科学批判传统

做学问要在不疑处有疑,待人时要在有疑处不疑。

——胡适(现代学者)

  1906年,在上海澄衷学堂,一个十五岁的学生热爱知识,而且关心时事,积极参与各种活动。他是学校内很多学生社团,比如自治会、集益会、讲书会等的发起人或负责人,也当过班长。曾因为班上有一个同学被开除,他以班长的身份向校长提出抗议,结果被记大过一次。
  有一次,他在自治会演说,题目是"论性"。他反驳孟子的性善主张,也不赞同荀子的性恶说,而认为王阳明所说的"无善无恶,可善可恶"才是对的。他特别提到孟子所说的"人性之善也,犹水之就下也;人无有不善,水无有不下"是违反科学的——当时正在读 Science Readers(《英文格致读本》)的他活学活用,在演说里指出,水的性质是保持水平,水会向下流是受地心引力影响,而高地的蓄水塔则可让自来水管里的水向上流;如果人性像水,那么应该是无善无恶、可善可恶的。所以孟子错了,至少是做了不恰当的比喻,王阳明说的才比较有道理。

这样的演说很受同学们的欢迎,而他也很得意,所以后来又以"慎独"和"交际之要素"等为题演说,将自己的思考心得与同学分享,并训练自己的口才。

他就是后来倡导新文化运动,并成为世界知名学者的胡适。胡适在澄衷学堂的时间虽然只有两年,却是他成长过程中一个非常重要的阶段。就是在这个时候,他开始使用"胡适"这个名字(他原名胡洪骍),而这个"适"就来自达尔文的"物竞天择,适者生存"这句名言。当时,他深受严复所译《天演论》以及梁启超"新民说"的影响,有着满腔想要为国族"振衰起敝、救亡图存"的热血,他在澄衷学堂里的活跃,可以说就是这种热忱的表现。

一个十五岁的少年敢于公开反驳孟子,显示出胡适对权威的无所畏惧。如果因此就认为他鄙夷传统,那就大错特错了。事实上,在当时的日记里,胡适不仅记载了那场"论性"的演说,更在其他页面抄录了很多他读到的古圣先贤的名言警句。他是个认真看待并热心学习传统的学子,而对传统提出批判,正说明了他的认真与热心。

阅读自己的内心

反省是心灵的花朵，释放出怡人的芬芳。

——伊拉斯谟（荷兰神学家）

在德国瑙姆堡一间老房子的窗前，一个十四岁的少年花了十二天的时间，写完自己的童年史，在结束的地方高兴地写了四行小诗："生活是一面镜子／我们努力寻求的／第一件事／就是从中辨认出自己。"

他即将离开家人，到普夫塔高等学校去就读。他知道这是自己人生的一个重要转折点，所以在告别童年时，对自己的过去做了一次漫长的回忆与反省，然后怀着兴奋与期待的心情，到他乡异地开始新的学习旅程。

到了普夫塔高等学校后，他开始写日记，一点一滴记录自己的想法。"从开始写这本日记以来，我的心情完全改变了。当时我们置身于生气盎然的盛夏,如今,唉,我们已进入深秋;当时我是个低年级的小孩,现在已升入了高年级……我的生日来了又去,我已经长大了——时光匆匆恰似春天里的玫瑰,欢乐易逝仿佛溪流中的水沫。"

在深切的反省后,他又重燃希望:"此时此刻,我觉得自己对知识、对世界文化充满了强烈的渴求。这种冲动是由洪堡引起的,我刚刚读了他的作品。但愿他能像我对诗的热爱那样持久!"然后,他为自己拟订了一个庞大的读书计划,他在日记里说:"知识的领域广阔无比,真理的探求永无止境。"

他叫弗里德里希·尼采,也就是后来写出《瞧!这个人》《偶像的黄昏》《查拉图斯特拉如是说》等书的伟大哲学家。尼采曾说,他二十五岁以前读前人的伟大作品,二十五岁以后即开始"读自己",去倾听自己的内在之声,他的很多伟大著作都是来自这种内在之声。其实,他在更早以前就开始"读自己",因为撰写童年史和写日记就是"读自己"的最好训练。

曾子说:"吾日三省吾身。"在一天终了时,拿起笔来,正是做自我反省的最佳时刻。不只反省即将过去的一天,还可为就在眼前的明天做策划。古往今来,有很多各行各业的杰出人士,从青少年时代就养成了写日记的习惯。写日记不仅是在倾听自己,更是与内在自我的交谈。通过这种倾听与交谈,你可以成为自己最知心的伴侣,更清楚地了解自己的渴望与心情,并适时地对自己提出最温馨的规劝和勉励,日积月累,就能成为更好的自己。

要记得什么,由你决定

教育是将学校所学的忘光后,还留下来的东西。

——斯金纳(美国心理学家)

在英国爱丁堡城外的费蒂斯中学,来了一个免付学费(有奖学金)的学生。因为这所学校是他的曾祖父创建的,他父亲和哥哥都曾是这所学校的古典学学者和橄榄球校队队员,他顺理成章地进入这所寄宿学校,而且住在高级的学生宿舍里。

他本来想追随父亲和哥哥的脚步,成为杰出校友,但哮喘的毛病剥夺了他在运动场上表现的机会,而只能在校园里"行侠仗义",制止坏学生欺负好学生。他对古典的希腊文和拉丁文一点兴趣也没有,却喜欢现代史,但很快就发现老师教的历史枯燥无味,而且课程里竟然没有美国史,好像美国是个不存在的国家。多年后,他说在费蒂斯中学念过的历史教材中,他只记得《欧洲历史》里的一句话:"当意大利人缓缓地撤退时,奥地利人还紧握着尿壶不放。"

学校每个月都会请一位贵宾来演讲,有点吊儿郎当的他说他最难忘的演讲者之一是位退休的海军上将,在讲述泽布吕赫战役时,用洪亮的声音粗暴地大吼:"现在,柏汉-卡特,开炮!把他妈的屁股给我轰掉!"

这名学生叫大卫·奥格威,显然不是什么好学生,后来在牛津大学就读时,因为成绩太差而被退学。退学后,他干过很多事,在巴黎当过厨师,在苏格兰向修女推销炉子,然后到美国当农夫,最后闯入广告界,所创办的奥美广告公司后来成为世界上最大的广告公司之一。而他也被称为"广告怪杰"与"广告教父",对当前全球广告风尚的影响既深且远。

奥格威成名后,费蒂斯中学邀他回去演讲,他就讲一些诸如上述的往事而受到学弟们热烈的欢呼。他的这些记忆虽然让人有些皱眉,却也显示出他是个深具幽默感,能以不落俗套、诙谐的态度来看待问题的人,而这正是一个具有创意的、杰出的广告人必备的条件,也是奥美广告成功的地方。

心理学家斯金纳说:"教育是将学校所学的忘光后,还留下来的东西。"离开学校后,每个人都会留下一些美好的回忆。但什么是"美好"?你要"记得"的又是什么?由你决定,然后它们又会反过来决定你的未来。

让兴趣参与学习

记住，失败的是一件事，而不是一个人。

——吉格拉（美国作家）

在英国哈罗公学的入学考试中，一个十三岁的考生对着拉丁文的试卷发呆，整整两个小时的考试时间，他只写了一个字，再加上个括号。虽然各科的分数都很差，但他还是被录取了，因为他是显赫贵族的子弟，校长不想将他拒于门外。

因为入学分数低，所以他被编在成绩最差一班的最后一组，每学期的成绩总是倒数第几名。成绩不好不打紧，他还经常违反校规。有一次因为玩耍，打破了好几扇窗户的玻璃，惹火了校长，被叫到校长室一顿鞭打，他却大喊大叫地表示反抗。校长怒不可遏，大声训斥："我有充分的理由对你表示不满！"他也立刻大声回嘴："我也有充分的理由对你表示不满！"

他虽然不爱上课，却喜欢体育和军事训练，凡是有这类活动，他都会踊跃参加。他的强项是骑马和游泳，还得过学校击剑比赛的银牌。他父亲看他不是做学问的料，但对当兵似乎很有兴趣，于是让他转入被同学讥为"笨蛋乐园"的军事专修班，为报考军校做准备。后来，在报考桑赫斯特皇家军事学院时，他还是连考两次都没考上，直到第三次才勉强过关。

他叫温斯顿·丘吉尔。看了他在青少年时代的表现，实在很难想象他后来会成为英国首相，在第二次大战中领导英国和盟军战胜纳粹德国，并在2002年英国国家广播公司（BBC）的调查中，获选为"有史以来最伟大的英国人"。

当温斯顿的父母为他在学校的表现而伤脑筋、忧虑时，他的外祖父却以豁达乐观的态度来看待这个外孙。外祖父对女婿和女儿说："让他去吧！男孩子在找到了可以显示才能的场合后，自然会变好的。"外祖父似乎说对了，因为温斯顿后来在《我早年的生活》一书里说："当我的理智、想象力和兴趣没有参与时，我就不愿意也无法学习。"

很显然，很多人不是"笨"，而是"没兴趣"或"没心情"学习。所以，当你面对他人的"拙劣表现"，在将"笨蛋"说出口前，最好先想想丘吉尔；而对于自己的"拙劣表现"，在自暴自弃前，更需要想想丘吉尔，问问自己为什么会"没兴趣""没心情"。

成为"不一样的女人"

阴柔女性最美的是她的男性气质。

——桑塔格（女性主义作家）

在二十世纪初年的纽约市郊区，有一个女孩从小就不爱穿裙子，而喜欢穿灯笼裤，因为她想跟男孩子一样自由自在地爬树、踢足球、打棒球，而她的玩伴也都是男孩子。

有一天，当她和一群男孩子踢足球时，邻居一位妇人叫她过去，告诉她"要学学女孩子应该做的事"。她回家告诉母亲，母亲立刻打电话告诉那个女人："下次不可以这样说！"

父母希望她尽可能发展自己的兴趣，但她也经常感受到压力。少女时代，她加入他们那条街上的少年组成的棒球队，经常和其他街的球队比赛。有一次，她兴冲冲地去比赛时，他们这队因为来的人太多，队友就以她是女孩子为理由排挤她，而另外那队刚好少一名球员，所以找她代打。她参加的新球队竟然把她原来的球队打得落花流水。结果在回家的路上，原来的那些队员纷纷骂她是"叛徒！"。她心里很不是滋味，因此也体会到女人经常莫名其妙地成为"受害者"，不管你自己的想法和表现如何，"男女不平等"都是一个残酷的社会现实。

到高中时代，她将对运动的热爱转移到对知识的追求上，并且经常思索"如何面对自己与众不同的事实"。毕业后，当同学们都准备找个如意郎君时，她力排众议，选择到免缴学费的康奈尔大学农学院就读。

她叫芭芭拉·麦克林托克，在获得植物学博士学位后，她专研玉米细胞的染色体，并因为发现"跳动基因"获得1983年的诺贝尔生理学或医学奖。

从小就是个"不一样的女人"的芭芭拉，从未追求过一般女人梦寐以求的目标。她对"打扮"这件事一点兴趣也没有，终身未婚，听起来似乎很"孤独"，但认识她的人都不会怀疑她的生活"充实而又满足"。因为她做的是自己感兴趣的事，根本不在乎其他女人在做什么，又怎么想，她在意的是大家不要因为她是女人，而用异样的眼光和有差别的态度对待她。

"女孩子要有女孩子的样子"，但什么是"女孩子的样子"？那要看你打算听谁的。知名的女性主义作家苏珊·桑塔格说："阴柔女性最美的是她的男性气质。"

在黑森林中的迷惘

生命中最困难的是认识你自己。

——泰勒斯（希腊哲学家）

在德国的卡尔斯鲁厄，有一个中学生一直闷闷不乐，因为同学们都将他视为犹太人。他父亲是当地的一个儿科医师，是犹太人没错，他母亲也是犹太人，但让他纳闷的是，既然父母都是犹太人，他为什么会是棕头发、蓝眼睛，而且有着北欧斯堪的纳维亚人的容貌？

事实上，当他和父母一起到犹太人的圈子中时，犹太人也认为他"非我族类"，因而疏远他。他觉得父母好像隐瞒了什么重大秘密，但又不敢问，只能自己默默猜测与迷惘。

自觉是个"边缘人"的他，除了绘画，对什么事都不太热衷，在学校的成绩也是普普通通。中学毕业后，他花一年的时间自己一个人到黑森林、阿尔卑斯山、意大利漫游，一方面是为了增广见闻，一方面也希望能为自己迷惘的人生找到一个方向。

　　他叫爱利克·埃里克森。从黑森林漫游归来后，他学了一阵子绘画，当了几年小学老师，然后跟随弗洛伊德和他的女儿安娜学习精神分析，后来成为国际知名的精神分析学家，在美国被誉为"最接近知性英雄的人物"。

　　埃里克森真正的身世是：他是他母亲和一个丹麦人的私生子。母亲嫁给儿科医师后，隐瞒了他的身世。这样的际遇虽然成为他青少年时代迷惘与痛苦的渊薮，但也使他后来超越弗洛伊德的"心性发展理论"，而发展出自己的"认同危机"与"生命历程"理论。

　　他指出，青少年主要的心理挣扎是在追求个人的认同感，面临的是"自我认同"与"角色混淆"的关口。他们很关心自己的容貌，因为容貌有助于建立自我感；在追寻认同的过程中，青少年会开始热爱某些英雄、意识形态以及异性，也在意别人的看法，同时更希望有别于他人，试图建立较清晰的自我形象。

　　埃里克森很生动而又精确地描绘了青少年的心事，为什么他有此本事？因为他在说的其实也是他自己。心理学是一门研究人的学问，有人因自己的人生经验而受苦，有人却因受苦而成为一个伟大的心理学家。

重要的是向何处去

人生重要的并非我们站在何处,而是我们正朝哪个方向去。

——霍姆斯(美国法学家)

在美国印第安纳州,一个十六岁的青年用一艘平底船运送田里收成的农作物,沿着俄亥俄河做生意。某天,有人要他用船将他们送到停在河中央的轮船上,并支付丰厚的报酬,于是他开始做起渡船的生意。

不久,他却被扭送到法院去,因为他抢了别人的生意,一些得到肯塔基州政府特许经营渡船生意的船家说他侵犯了他们的经营权。承办的法官也觉得控告有理,准备判他必须缴纳罚款。青年辩解说,对方依据的是肯塔基州的法律,但他是从印第安纳州的河边将客人送到河中心,并没有进入肯塔基州,所以控告不成立。

法官在研究案情后,发现情况确实如此,于是改判他无罪,并好奇地问他是从哪里获得这些关于法律的见解的。在得知他不仅没有研习过法律，而且因为家贫只受过一年多非正规教育，主要靠自学后，法官觉得他很适合走法律这条路，于是鼓励他有空可以到自己家里阅读法律书籍，在开庭审理案件时，也欢迎他来旁听。

在法官的勉励和指引下，他看到了自己人生的一个方向，一条可行的道路。于是，他通过勤奋自学，半工半读，终于在二十七岁时通过考试，成为一名律师。

他的名字叫作亚伯拉罕·林肯。在自学法律时，他开始涉足政坛，慢慢地，律师与议员的角色让他成了社会公义的代言人。后来，他当选为美国的第十六任总统，经由南北战争，废除了南方各州的黑奴制度。

走上法律这条路，显然是他人生中极为关键的一步。其实在多年以前，林肯的父亲就曾在相关的法律诉讼中两次被迫失去购得土地的所有权，而使整个家庭陷入困境，这也是让林肯想当律师来伸张正义的一个重要原因。但如果没有法官的勉励和指引，结果会是如何，恐怕很难说。

美国法学家霍姆斯说："人生重要的并非我们站在何处，而是我们正朝哪个方向去。"没有方向的人生，就像没有罗盘的航行。每个人的方向都不同，只有自己想要而且适合自己个性和禀赋的方向，才是正确的方向。

因死亡刺激而奋起

征服自己的一切弱点,正是一个人伟大的起始。

——沈从文(中国作家)

在湖南,有一个少年在小学毕业后,就跟着父兄的脚步,投身军旅。先是做些杂役,后来因有些文化,担任了部队的书记,负责文书工作。平日里,他喜欢看些用白话文写的新书和杂志。

快二十岁时,他生了一场重病,在床上躺了四十天,侥幸大难不死。就在刚复原时,他的一位好友在到河中游泳时意外溺毙,他去收尸掩埋。看到好友臃肿的模样,想起自己前些日子若是病死了,那不是什么也都没了?他因此对生命和自己产生了很深的疑问。

他在水边、在山头、在马房、在床上,自己闷闷沉沉、秘密地想了四天,得到一个结论:与其庸碌而死,不如"多见几个新鲜日头,多过几个新鲜的桥,在一些危险中使尽最后一点气力"。于是,他下定决心，毅然离开熟悉的部队、朋友和故乡，从湖南乡下出发，辗转十九天，抵达他向往而又陌生的北京。

他到北京后，先去北大旁听，同时练习写作，翌年开始发表作品。他将过去阅读人类生活与自然现象这两本"大书"的心得，还有军旅生活中粗粝的阅历写成小说，因为笔法清新、叙事纯朴，不久即蜚声文坛。

他就是沈从文。在写出《边城》《旧梦》等脍炙人口的小说后，他成了与徐志摩、郁达夫齐名的作家，后来更在北大、西南联大任教。虽然他在1948年因受郭沫若批判而终止文学创作，转而研究历史文物，但其小说被夏志清誉为"中国现代文学中最伟大的印象主义"。

沈从文在自传里说，还在部队里时，他心中就有个越来越强烈的声音："总觉得有一个目的，一件事业，让我去做，这事情是合于我的个性，且合于我的生活的，但我不明白这是什么事业，又不知用什么方法即可得来。"在读了白话文新书和杂志后，他仿佛看到一个散发理想与智慧光辉的世界在向他招手。如果没有前面所说的"死亡刺激"，他可能还会继续蹉跎下去，至少不会那么决然地破釜沉舟，立刻动身前往北京，而他的命运和人生也将截然不同。

造物主给予我们每个人特别的禀赋和经验，每个人都曾经渴望而且相信自己可以利用这些做出一番事业。沈从文和别人不同的地方是，在青年时代遇到一个直击心灵的刺激，让他体悟到：与其庸碌而死，不如放手一搏。

向家族企业说"不"

只有一种成功,那就是能照自己的方式去过你的人生。

——莫利(美国作家)

某个夏日午后,日本名古屋一家知名的清酒酿造厂正在召开业务会议。会议室里坐着一个中学生模样的小伙子,"置身事外"地听着大家你一言、我一语,偶尔瞧一瞧前方主持会议的中年男子——那是他的父亲,这家酒厂的老板。他们家族世代以酿酒为业,在日本是数一数二、历史悠久的老字号。

从小,父亲就经常对他耳提面命:"你是我们家的长子,将来一定要继承家业。"为了让他克绍箕裘,将来能顺利接班,在他十岁时,父亲就经常带他到办公室,耳濡目染地熟悉公司的经营方式,还要他到酿酒厂实地观察整个酿酒过程。上了中学后,每逢寒暑假,更要他到公司实习,旁听业务会议,学习当老板。

但他对酿酒业和当酒厂老板一点兴趣也没有，他真正的兴趣是在电子方面。他不仅大量阅读相关的书籍，而且进行各种实验，自己装配了一台电动留声机和一个无线电接收器。就是因为太沉迷于这些电子研究，他在学校的成绩一直不好。幸好到高三时，为了考大学，他收心拼命努力了一年。在选择科系时，他又和父亲发生了冲突：父亲期望他读的是与商学相关的科系，他却选择了自己喜欢的大阪帝国大学①物理系。

他叫盛田昭夫。大学毕业后，他放弃"盛田酒业"继承人的权利，和朋友成立了"东京通信工业株式会社"，利用自己在电子方面的专长，制造磁带答录机和磁带等小商品。这样的选择当然让父亲非常失望，后来反而成为他一生最大的骄傲，因为这家"东京通信"日后发展成全球数一数二的电子业龙头——"索尼公司"。

盛田昭夫个人也因为多项发明而获得"日本爱迪生"之称，他还写了两本畅销书：《学历无用论》和《日本可以说"不"》。他以个人的抉择和经验告诉我们，对于一个人的成功，重要的不是学历、家业、祖产，而是自己的兴趣；你必须找到自己的兴趣，然后义无反顾地去做自己感兴趣的事，对违背自己兴趣的工作、他人的期望或要求都要勇于说"不"。

当然，这并不是说做自己有兴趣的事就保证能成功，它还需要很多条件的配合。如果有人因为你的坚持而感到失望，那你最好是用具体的行动向大家证明，失望只是暂时的，他们终将为你感到骄傲。

---

① 现大阪大学。——编者注

用怀疑树立信念

我尊重信念,但怀疑能给你教育。

——米兹纳(美国电影编剧)

有一个人,父亲和外祖父都是教会的牧师,他从小就在宗教气氛浓厚的家庭中长大。当他开始读《圣经》时,就对"东方三博士"的故事很着迷,但也很快产生疑问:既然三博士带了很多宝石黄金来给马利亚当礼物,那"为什么耶稣小时候还过着贫苦的生活?这些宝石黄金都到哪里去了呢?"。当牧师的父亲一下子被问得哑口无言。

到了青春期,他这种怀疑精神演变成喜欢与人争辩、抬杠的癖好,而对马利亚处女怀孕、耶稣死而复活这些"神迹",他当然就更加怀疑了。基督徒在十五六岁时,须通过"坚信礼"的考验,以显示自己有坚定的信仰,可以完成身为基督徒的使命。他在受"坚信礼"时，却出现了不愉快的场面。

替他主持"坚信礼"的是一位非常仁慈的老牧师。在这个非常传统而严肃的仪式上，他居然也提出了他的怀疑，结果立刻被老牧师加以否定。老牧师告诉他："理智必须保持沉默，臣服于信仰。"他不想当场闹翻，只能失望地闭嘴，而以躲闪的言辞来回答老牧师接下来的问题。老牧师看在眼里，对他的态度也变得非常冷淡。整个仪式就在尴尬的气氛中不欢而散，事后，老牧师还向他的家人抱怨他真是"孺子不可教"。

这个被认为"没有坚定信仰"的少年，名叫阿尔贝特·施韦泽（又译"史怀哲"）。九年后，他以《根据十九世纪科学研究和历史记载对最后晚餐问题的考证》获得神学博士学位；又过了十三年，以《对耶稣的精神医学性考察》获得医学博士学位。然后，他远赴非洲行医，在之后的四十年，救治当地无数的老弱伤病，获得1952年的诺贝尔和平奖，被誉为最能在这个尘世实践耶稣基督精神的人道主义者，当然，也是信仰最坚定、最让人敬佩的基督徒之一。

施韦泽后来说，从青少年时代起，他就坚信"基督教义的基本原则必须靠理性来证明，而不是用其他方法"。不只基督教的教义如此，其他领域里的准则、观念、理论也都是如此。信念不是建立在"权威""盲从"或"神迹"上，而是需要理性的支撑。如果你是对的，你就不应该畏惧怀疑和批评，因为只有通过怀疑考验的信念才是坚定的信念，就像神学家田立克所说："怀疑不是信念的反面，而是信念的成分之一。"

"苦尽甘来"好过"甘尽苦来"

我虽不是伯爵,可是比起伯爵,我有着更强的自尊。

——莫扎特(奥地利音乐家)

一个俊秀青年正愁苦着脸,闷闷地坐在德国萨尔茨堡大主教的前厅里等候指示。他是大主教宫廷乐队的乐长。自从老主教过世,换了一个新主教后,他的命运也跟着改变了,不仅必须创作、演奏符合主教和客人口味的音乐,而且不准外出,未得许可不准进行任何演出。

他向往成为一个伟大的艺术家,却处处受到限制,形同仆役。他渴望能摆脱这一切,因为他只有十七岁,来日方长,他不想就此埋没自己的才华。

他四岁就会作曲,六岁开始就被父亲带着到各地表演钢琴、管风琴、小提琴,获得无数王公贵族和大音乐家如雷的掌声,人人都竖起大拇指称他是"音乐神童",载着他的马车在欧洲各地不断奔驰,那是何等辉煌与风光啊!随着年岁的增长,他慢慢感到自己的这种巡回表演看似热闹,其实更像奥地利女王所说的:"谁要是像乞丐一样,在世界上到处游荡,他的服务就变得一文不值。"

他已经长大,无法永远当"神童",但也不再是"仆役"。他知道什么是伟大的音乐,他要走自己的路,创作伟大的音乐作品。他说:"人总有个自尊心,我虽不是伯爵,可是比起伯爵,我有着更强的自尊。"

他就是阿玛多伊斯·莫扎特,三十五岁就英年早逝的他,大概就是以"自我觉醒"的十七岁作为人生的分水岭。越过这个分水岭,他和大主教、父亲的冲突日益加剧,最后终于离开萨尔茨堡,到巴黎和维也纳去追求自己的人生和音乐。和前半生的轻快与风光相较,莫扎特的后半生是沉重而落寞的,但他最伟大的创作也都来自这个时期。

莫扎特早年风光的"神童表演"对他后来的人生和创作到底是好还是坏,论者莫衷一是。人生总是有苦有乐、有起有伏,先后顺序也不是你想怎样就能怎样。所谓"此消彼长",对别人的"太早得意",我们似乎不必有太多的羡慕或嫉妒;而对自己的"太早得意"更应该有所警惕,因为你不可能永远得意下去,至少不可能永远当"神童"。

人生的道路相当漫长,从先后顺序来看,"苦尽甘来"的人生似乎比"甘尽苦来"让人更能忍受,也更值得期待。

在凝视中发现自我

凝视星星,让我做梦。

——凡·高(荷兰画家)

1898年,一个十五岁的阿拉伯少年,只身从美国搭船前往黎巴嫩。两年前,他和母亲及兄妹移民到波士顿,住在唐人街,接受美式教育。发现自己对文学、绘画的喜爱与天分后,他决定重返自己血缘、历史与文化的原乡,再度面对让他爱恨纠缠的阿拉伯世界。

他的心情相当复杂,因为他的出生地——黎巴嫩的滨海村落,曾孕育多种文明,出现过无数先知,而冲突与战争也从未间断。他虽然是阿拉伯人,家里信奉的却是基督教;他虽然热爱阿拉伯文化,但对当前统治者的蛮横感到悲愤。回到故乡的头几年,他一面学习,一面写文章对各种政治、宗教、文化问题发表看法,进行针砭。

十七八岁,逗留于埃及时,他每个星期有两次专程从开罗前往吉萨。他坐在金色的沙丘上，长时间忘情地凝视着前方的金字塔和狮身人面像，久久不忍离去。在日后的书信（文章）里，他说："那时候，我是个十八岁青年，在艺术现象面前，有着一颗如同小草在飓风面前般颤抖的心。那个狮身人面像对我微笑着，让我心中充满甜蜜的惆怅和欣悦的凄楚。"

他就是后来写出《先知》《沙与沫》还有无数动人诗篇的哈利勒·纪伯伦。西方文评家说他的作品就像是"东方吹来，横扫西方的风暴"，具有强烈而令人着迷的神秘主义色彩与东方意识。除了他的先天气质、成长背景，与他凝视金字塔和狮身人面像更有着奇妙的关系。也许可以这样说：他的诗人气质使他喜欢凝视金字塔和狮身人面像，而长时间凝视金字塔和狮身人面像，又强化了他作品中的神秘与宗教气息。

人生是追寻与发现的过程，但我们到底想追寻或发现什么呢？所谓"自我追寻"，经常是你的灵魂通过眼睛这个窗口去寻找、发现与它契合的对象，然后在长时间忘情的凝视中，你听到一种召唤、受到某种启迪、看到一个许诺，于是你发现、相信那就是你想要追寻的东西。

荷兰画家凡·高说："凝视星星，让我做梦。"如果你想发现你的自我，找到你的梦想，就要去寻找一个能让你心向往之、可以忘情凝视的对象。

人生不止一次选择

好好做选择,你的选择虽短暂,影响却无穷。

——歌德(德国文学家)

在德国汉堡,有一个少年因为父亲想要他继承家业而去读一所有名的私立商业学校,该校的数学课教的是欧洲各国的币制,以及它们之间的兑换;地理课教的是贸易的交通路线、土地的收成;另外,还有社交礼仪、舞会等课程和活动。

十五岁毕业后,他原本应该像其他同学一样到一些商行实习,开始学习做生意。他却告诉父亲,他不想做商人,而希望当学者,想去读文科中学,这让父亲很失望。见多识广、手段圆融的父亲最后提供了两个选择,要儿子自行决定自己的前途:一是留在汉堡,上他的文科中学,学他的拉丁文,走他的学者之路;一是陪父母周游欧洲列国,这趟旅行可能持续数年,但旅行一结束,他就回到父亲的大商人朋友身边，去学做生意。

父亲是想借此提醒他：如果你要当学者，那"你现在就必须放弃享受"。结果，他做了父亲预料中的选择：和家人一起去旅行。各国的名胜古迹、风土民情让他眼界大开、心醉神迷。随着旅行接近尾声，他也越来越显得不安，因为一间庸俗的商务办公室的门已经打开，在那里等着他。

就在他学做"商人"没多久，父亲因意外过世了，母亲结束了父亲的生意，他也顺理成章地改去念他喜欢的文科中学了。

他就是后来写出《意志与表象世界》的知名哲学家阿图尔·叔本华。如果不是父亲突然过世，那么叔本华不太可能改变人生方向，也许他会成为一个不错的商人，世界则会因此而缺少一位伟大的哲学家。

人生来自你自己的选择，但什么是"正确"的选择其实很难讲。叔本华后来在回顾这个选择时说，这趟旅行虽然花去了他两年的青春岁月，但收获远远大于可能的损失，因为旅途中的观察与思考让他获益无穷。有人指出，如果叔本华当初放弃旅行而直接去读文科中学，也许只能当一个平凡的教员，而无法成为伟大的哲学家。

很多人把自己当前的不幸归咎于当初的选择。其实，人生不是只有一次选择，决定你人生的并非某个单独的选择，而是选择的"总和"。即使在某个时候你做了错误的选择，也可以用另一个正确的选择将它弥补过来。

在法律与医学的岔路上

每个人都必须成为他自己生命故事的英雄。

——约翰·巴思（美国小说家）

在奥地利的维也纳，有个功课很好的男孩，从小学到中学，几乎每年都是班上的第一名。在中学的历史课堂上，当读到布尼克战役时，他跟其他同学有点不一样。他认同的并非罗马人，而是腓尼基人，因为他是犹太人（腓尼基人和犹太人同属闪族），腓尼基的大将汉尼拔是他中学时代最崇拜的偶像之一，也是他心目中的"民族英雄"。

虽然他的成绩很好，但他已察觉到同学间和社会上弥漫着一股反犹情绪，他觉得向大家证明自己的能力是他最好的武装。刚上中学就认识的布劳恩成了他的亲密战友，他们经常在一起，彼此鼓励，相信自己将在世界上占有一席之地。

年轻人的好奇心使他对人类事物、自然科学和自己的未来充满想象。在布劳恩的影响下，他原本决定要在大学里攻读法律，但刚兴起的达尔文进化论深深吸引着他，他觉得进化论似乎能为进一步认识世界提供希望。高中毕业前，他听到布鲁尔教授在讲堂上大声朗诵歌德写的关于自然的美妙论文，深受启发与感动，于是改变主意，决定成为一名医学生——研读"人的自然科学"，也就是医学。

他叫西格蒙德·弗洛伊德，后来成为举世闻名的精神科医师，也是精神分析学说的创立者。他年轻时对自己因为是少数民族而受到排斥一事颇不以为然，坚信"一个积极努力的工作者不至于无法在人文的架构里找到立足之地"。积极的努力不只使他出人头地，而且使他与爱因斯坦、马克思同列"影响现代人类的三位犹太人"。

在高中时代，原本想攻读法律的他最后选择了医学，这种转变似乎很大，而从弗洛伊德的故事中，我们也可以看出，在决定自己未来人生的走向时，除了父母与朋友的影响，也应该从阅读、听演讲等各种渠道获得资讯，增加自己选择的机会。

不管选择什么，就像弗洛伊德自己所说，好奇心、求知欲与对人类知识做出贡献、相信自己将在世界上占有一席之地的抱负才是背后真正的动机，也是成功的动力。一如小说家约翰·巴思所言："每个人都必须成为他自己生命故事的英雄。"你生命故事里的英雄正等待着你去创造，让他诞生。

开启未来的钥匙

有很多书就像开启自我城堡中未知密室的钥匙。

——卡夫卡（奥地利作家）

在英国，有个男孩出身于富裕的贵族家庭，对他期望很高的父亲将他送到一所教会办的寄宿学校念书。他虽然不是懒惰的学生，但成绩很普通，因为他有广泛的兴趣，喜欢到野外去采集矿石，观察各种昆虫的生态，后来更爱上了射击和打猎，第一次射中鹬鸟时，兴奋得全身发抖。

除了户外活动，他也喜欢写诗和演算几何，当发现为复杂的问题找到答案或想出不同的叙述方法时，他非常满足。虽然对教科书的兴趣不大，但他很喜欢读闲书，没有特定的方针或计划，总是拿到什么就看什么，经常在窗前捧着莎士比亚的戏剧作品，一看就是好几个小时。

有一天，班上一名同学带来一本《世界奇闻录》，他很好奇，向同学借来读了好几遍。这本海阔天空、无奇不有的书不仅让他眼界大开，心胸变开阔，而且他还为书中的某些记载是否属实与同学争论不休。

他在学校里的表现让父亲极为失望，父亲愤怒地预言："你除了打猎、遛狗和抓老鼠，没做过一件正经事，将来你会自取其辱，并使整个家族蒙羞。"

他就是后来搭乘"小猎犬"号到世界各地进行勘探活动，回来后根据观察所得提出生物"进化论"，改变了人类对自然和自身看法的科学巨人——查尔斯·达尔文。

达尔文一直到大学毕业（先在爱丁堡大学读医学，后来又到剑桥大学念神学）都被认为是个游手好闲的纨绔子弟。他之所以能参加改变其人生的"小猎犬"号环球之旅（为期五年），除了有钱有闲和对自然界的喜爱，少年时代令其着迷的《世界奇闻录》才是最重要的因素。而"物竞天择，适者生存"这个进化论的核心观点又是怎么来的呢？据他自己说，除了长年的研究思索，闲暇时读的马尔萨斯《人口论》为他提供了临门一脚的灵感。

达尔文的故事告诉我们，如果你还看不出自己人生的方向，那么广泛的兴趣和博览群书将为你开启新的可能，让你看到在远方等待你的东西。

做一个"完整的人"

如果你想进入无限,那你就要在有限的每个方向探索。

——歌德(德国文学家)

1971年5月,一个不到十六岁的青年在纽约的卡内基音乐厅举办他个人的大提琴演奏会。会后佳评如潮,《纽约时报》以"年方十六,技惊四座"为题,对他的娴熟技巧和超凡乐感大加赞赏,预言一颗"音乐巨星"正冉冉升起。

虽然他四岁就开始学琴,五岁就在众人面前表演,并在茱莉亚音乐学院跟随大提琴家雷纳德·罗斯学艺多年,但在高中毕业后,他就读于离家不远的哥伦比亚大学。因为"依然住在家里,觉得自己好像还在过高中生活",念了不到一年,他就转往哈佛大学,离开家人,去当自行料理生活细节的住校生。虽然也修一些与音乐相关的课程,念的却不是音乐系,而是人类学系。

由于在卡内基音乐厅演出的成功，各地的演出邀请纷至沓来。但他觉得频繁外出会影响大学课业，于是做出每月演出不超过一场的决定，以便有更多的时间来学习跟人类学本科相关的各种历史、文化、哲学、心理学知识，并在四年后获得哈佛大学的人类学学士学位。

他叫马友友，是当今闻名全球的华裔大提琴家。也许有人会纳闷：既然很早就表现出音乐方面的天赋，而且也知道将来会朝这方面发展，那为什么还要去念跟音乐没什么关系的人类学系呢？那不是横生枝节，甚至浪费时间吗？马友友却说："现在我所做的一切，都要归功于当时（在哈佛大学）所受的人文思想教育。"

很多音乐家都是在小小年纪崭露头角后，就由父母替他延揽名师，包办一切，他只需不断地练习和演出即可。这样的音乐家即使成名了，生活与知识领域多半也非常狭隘。马友友跟其他音乐家最大的不同点，是他给人一种大气、开阔、情感丰富、平易近人的感觉，因为他在青少年时代就知道，他要做一个不只会拉大提琴，而且会自己洗衣服，对历史、文化、哲学与心理学都有相当素养的"完整的人"。

就像胡适所说："为学要如金字塔，要能广大要能高。"不只做学问如此，做人也是如此，开阔的眼界让马友友整个人、他的音乐，还有他的人生也跟着开阔起来。而要有开阔的眼界，就必须先有广泛的兴趣和多方面的知识。

自我管理的笔记本

没有计划就是计划失败。

——阿兰·拉金（美国管理学家）

在维也纳的某所中学，一个初中一年级的少年在学年快结束时被老师叫进了办公室。他的老师面色凝重地说，实在搞不懂，从小学跳级升上来的少年成绩为什么会变得这么糟？再这样下去，他即使不被劝退，恐怕也要留级一年。

他的成绩的确不好，他觉得那是因为学校教的科目他没兴趣，老师的教法也很无趣；但如果因此而被留级，那问题就大了。在烦躁不安中，他想起了他敬爱的小学老师艾尔莎，还有她教他的读书方法。于是，他找出小学时代的笔记本，看到熟悉的笔迹写下的"每周计划"，譬如："一、读完《基督山伯爵》。二、完成作文两篇。"

当时艾尔莎老师准备了两个笔记本，都写上了他的名字，也都写上了他和老师讨论过的"每周计划",一个本子他带回家,另一个留在老师那里。等一周结束后,再和老师核对自己实际的学习情况。他小学时代就是用这种方法让功课突飞猛进的。

现在,艾尔莎老师已不在身边,他必须自我鞭策。于是,他准备了一个笔记本,把教科书都拿出来,按照时间分配,为自己拟订了一套针对考试的读书计划。计划拟妥后,他不再烦躁不安,而是拿起计划中的第一本书,心平气和地读了起来。如此按部就班地读了几个星期后,他终于顺利地通过了期末考试。后来,也一直用这种方法准备功课。

他叫彼得·德鲁克,后来成为有名的经济学家和管理顾问。他预言了"知识经济"时代的来临,并出版了《有效的经营者》等四十多本关于经济、政治、社会和管理的巨著,被誉为"现代管理学之父"。

德鲁克说,艾尔莎老师教给他的,而且让他一直沿用到读博士的计划读书法,就是后来他的"目标管理"观念的雏形——根据个人条件定出短期与长远目标,然后提出实现目标的计划,定期追踪与检讨,磨炼自己的组织能力,培养纪律意识,久而久之,让它们成为一种好习惯,就会有明显改变。

就像另一位管理学家阿兰·拉金所说:"没有计划就是计划失败。"不只读书和工作,人生的很多项目也都需要计划,需要这种"目标管理",纲举目张,循序渐进,水到自然渠成。

境随心转

心随境转是凡夫,境随心转是圣贤。

——圣严法师(台湾法鼓山创办人)

在长江北岸的狼山脚下,有一个少年,他在十二岁时才进入正式的小学,只读了一年书,就因年景不好、家境贫困,辍学去当筑堤小工。在某个下大雨的夏日,一个到他家避雨的邻居问他"想不想当和尚",于是他半被动也半出于自愿地来到狼山广教寺,成了一个小沙弥。

当小沙弥并不清闲,除了早晚课诵、撞钟击鼓、清洁环境,还要种菜烧饭,替老和尚洗衣服、倒夜壶。院方也请了两位老师教他《禅门日诵》和四书五经,这使他第一次认识到和尚和佛教不是只会超度亡灵,借佛法来导迷化俗才是佛家更高的使命。小小年纪的他,开始渴望能读通佛经,自度、度人。

两年后,他到上海大圣寺,成天为人祈祷增福延寿和超荐亡灵而诵经,虽然这些是分内事,却不是他想要的人生,于是他再三恳求师父,终于在十七岁时,到上海静安寺佛学院成为插班的学僧。一年后(1949年),他投身军旅,成了通信兵,十一天后,就随部队上船前往台湾岛。

直到三十岁,他才从军中退伍。虽然当兵的岁月远远超过当和尚的时间,但在退伍后,他想起当初的渴望,毅然再次剃度出家,法号"慧空圣严"。

他就是后来受人敬仰的法鼓山圣严法师。投身军旅就像当初他被送去当沙弥,只是他生命的一种因缘际会。在军中,他告诉自己和同袍:"原来我是和尚,将来还要当和尚!"在他的军服下面,还是一颗如往昔虔诚的心。放假时,他依然做着沙门自我信修的功课。他甚至去上文艺函授学校,选读小说班,来充实自己的文艺素养。

就像他后来所说的:"心随境转是凡夫,境随心转是圣贤。"当他十三岁,还在狼山当小沙弥时,他就立下了将来要以佛法化世的心愿。只要心愿不变,那么一切际遇与机缘都有助于完成他的心愿。

小沙弥成了老和尚,而且已圆寂辞世,但风中仍不时传来他对大家的叮咛:"生命是为了任务而来,有机会让我们去奉献,就去奉献。"

在神户的华丽异境中

每个人都有属于自己的一片森林,迷失的人迷失了,相逢的人会再相逢。

——村上春树(日本小说家)

在日本芦屋市郊区的舒适民宅里,一个十三岁的初中生捧着一本司汤达的小说,读得津津有味。他父亲在去年订了两套世界文学丛书,按月寄到当地的书店转交给他,这些外国小说让他如获至宝,很快成为他最重要的精神食粮。在如饥似渴中,他慢慢领略了托尔斯泰、罗曼·罗兰、菲茨杰拉德、司汤达等作家那充满异国情调的心灵世界。

就读神户高中时,他开始在校刊上发表文章,并经常流连于专卖外籍人士二手书的书店(神户是国际港口,当时仍有很多美军)。英文小说的价格只有日文译本的一半,所以他转而直接读美国平装小说,看久了,"不仅能理解后天学来的语言写成的书,甚至受到感动，这对我是种全然新奇的体验"。

除了小说，他也痴迷于美国音乐，先是通过收音机聆听猫王、海滩少年等，后来省下午饭钱去购买爵士乐唱片。他也很喜欢保罗·纽曼的电影和他那种调调。总之，他不仅全然接受，而且非常喜欢当时美国的流行文化。

这个"洋味十足"的日本少年，就是后来写出《挪威的森林》《海边的卡夫卡》《世界尽头与冷酷仙境》等畅销小说的村上春树。跟大多数带有"阴郁沉重"气息的日本小说家相比，村上春树的"明朗轻盈"给人耳目一新的感觉。他缺少日本传统味，而是有着浓厚的欧美新风格，青少年时代的阅读和生活经验显然给他带来了很大影响。

村上春树生于日本古都京都，也在那里度过童年，祖父是京都的僧侣（有些日本和尚可以结婚），父亲也在家中经营的寺庙里担任过住持。但村上春树本人既不信佛，对日本文化也不甚了了，他甚至连前代及当代日本作家的作品都很少接触，主要原因就像他所坦承的："在我成长的过程中，我从来不曾被日本小说深刻感动。"

也许就是这样对传统的"浅薄无知"，使他成为日本最国际化、风格最独特的小说家。很多人说传统是"根"，失去传统就好像"失根的兰花"。传统是"养分"没错，其实也是一种"束缚"。如果能像村上春树那样，虽然缺乏传统的熏陶，却能从别处吸收养分来壮大自己，那么就能让你与众不同、异军突起，成就坚守传统者无法成就的事业。

面包与诗集的取舍

一本书是携带在口袋里的一座花园。

——阿拉伯谚语

法国南部的尼姆地区正在铺设铁路,一个十五岁的少年去应征工作,每天拿着十字镐辛勤地挖路,所赚的工资只够让他啃面包、喝开水度日。

有一天下工后,他拿着当天的工资,准备到面包店买晚餐时,习惯性地先走进他经常光顾的一家书店。他看到一本《鲁布尔诗集》,翻读之下,爱不释手,于是用当天的工资乃至身上所有的钱买下了这本书。然后,他饿着肚子,溜进附近的葡萄园,一边读着诗集,一边随手摘了几颗葡萄充饥。

他很喜欢读书,但因为父亲经营的生意失败,他被迫辍学,必须去当柠檬小贩、铁路工人来填饱肚子。他知道这只是暂时的,他利用工作之余的时间自修，准备投考免学费和生活费的师范学校。皇天不负苦心人，十六岁时，他不仅考上了阿维尼翁师范学校，而且考了第一名。

对学校的功课，他游刃有余，于是他经常利用假日，到田野山林中散步、探险。他很喜欢昆虫，尤其对会切下牛粪，做成小圆球，然后将粪球推回窝巢的粪金龟着迷。他抓了一只回去，仔细地观察、研究。

他就是后来以《昆虫记》一书闻名于世的让－亨利·法布尔。从亚维农师范学校毕业后，法布尔去当了小学老师，继续靠自学先后获得数学、物理的学士学位，三十二岁时，获得巴黎科学院的博士学位。

《昆虫记》一书是法布尔多年不辞辛劳的观察记录和心血结晶，他被小说家雨果誉为"昆虫世界的荷马"，因为他以充满诗意的笔调让我们认识了看似不起眼的生命——昆虫多彩多姿、辉煌壮阔的一生。他的字里行间所流露出来的韵味与清晰，都来自他过去自学的成果。韵味是他用买面包的钱去买一本诗集换来的，清晰则得自于他喜欢的数学与几何学。

书是我们的精神食粮，就像面包是我们身体所需的食物。在必须有所取舍时，宁可少一点面包而多一些精神食粮，因为精神食粮能让你终身受用不尽。现代人也许不必像法布尔为了买书而饿肚子，但你会把买时髦奢侈品的钱省下来买书吗？

第二章

能 | 力 | 篇

青春,是让人变为富有的最佳时机,也是让人沦为贫困的最佳时机。

——欧里庇得斯(古希腊悲剧家)

珍惜天赐的礼物

我知道我将在云端的某处,和我的命运相逢。

——叶芝(爱尔兰诗人)

在英格兰南方的一座庄园里,有一个少女从学校回来后,总喜欢带着家庭作业,爬上她最钟爱的一棵山毛榉树,在树上读书、做功课。

她原来和父母住在伦敦,为了躲避战争搬到了外婆的庄园,战争结束后,依然住在这里。她很喜欢乡间的生活,因为这能让她更接近大自然。她十岁时,外婆把庄园里的这棵山毛榉树送给她作为生日礼物,从此她就和这棵树有了特殊的感情。

她喜欢爬到树的高处,栖息于树顶,感觉到自己是树的一部分。微风吹动时,在摇晃的树枝上听着叶子的窸窣声或嘹亮而清晰的鸟啼声。有时候,她把脸贴在树干上,感受山毛榉的生命之液在粗糙的树皮下缓缓流动。

她经常自己一个人在树上思考尘世的种种和自己的未来。在十米高的树上，她读完了"泰山"系列的所有故事，疯狂地爱上这位丛林之王，并对他身边的珍妮产生了莫名的妒意。她合上书本，遥望着远方，渴望着有一天也能到非洲去。

她叫珍妮·古道尔。高中毕业工作数年后，一个知道她热爱非洲的高中同学来信邀她去肯尼亚（同学的父亲在肯尼亚买了一座农场），她欣然前往。在肯尼亚，她先是参加了人类学家利基的化石挖掘工作，后来又接受了他的一项研究计划——独自到坦桑尼亚的贡贝溪自然保护区研究黑猩猩。这段特殊的经历使她成为世界上首屈一指的黑猩猩动物行为学家和热心的生态保护人士。

珍妮·古道尔说，她之所以会喜欢丛林，前往非洲，跟她少女时代的经验有非常密切的关系。如果再追溯到她父亲在她两岁生日时送给她一个黑猩猩布偶当礼物，那么两份特殊的生日礼物——黑猩猩与山毛榉树，似乎奇妙地预言了她未来的人生。

每个人都会有一些特殊的禀赋、兴趣与经历、际遇，它们就好比是上苍赐给我们的礼物。可惜的是，多数人终其一生都未爱惜、善用过这些礼物，甚至都没有打开瞧一瞧，而是坐让它们黯然离去。珍妮·古道尔令人羡慕的是，她很早就接收了这些礼物，珍惜、善用它们，而且回馈给世人另一份更丰厚的礼物。

健康是唯一的资产

健康的身体是灵魂的宾馆,生病的身体则是灵魂的监狱。

——培根(英国哲学家)

1899年,台北设立"台湾总督府医学校"(台大医学院的前身),是当时台湾的最高学府。在1909年的入学考试中,有一名来自淡水的十七岁考生笔试获得第一名,但在身体检查时,体能是"丙下",也就是不及格。

在校务会议中,有很多老师认为这名考生的学业成绩虽然很好,但如此的体能恐怕无法完成学业,想要淘汰他。幸好当时的代理校长长野纯藏觉得这样太可惜了,主张让他入学试一试,他才顺利入学。

也许因为自觉体能差人一截,所以他入学后对每个星期两到四小时的体操课程特别认真,每一学期的体操成绩都是八十五分或九十分。在学生宿舍里，他更是每天一大早起床后就去吊单杠、做棍棒体操，然后洗冷水澡，即使在寒冷的冬天也一样。遇到假日，他就到郊外远足，有一年暑假还从台北徒步到彰化（将近二十公里）去找同学。

经过持之以恒的锻炼，他的体能已不逊于其他同学，学业成绩更是一直名列前茅。1914年，他以第一名的成绩毕业。

他叫杜聪明，后来留学日本，成为中国台湾第一个医学博士，历任台大医学院和高雄医学院院长等职，更是世界知名的鸦片与蛇毒研究专家。他身体硬朗，活了九十三岁，这应该都要归功于他当初进入医学校时，"警觉"到自己的体能不如人而加强锻炼，并且在毕业后仍每天做棍棒体操、洗冷水澡，数十年如一日。

有人说健康的身体是"1"，而能力、梦想、财富、爱情、地位等则是"0"，要先有健康的身体，跟在后面的"0"才能显出意义；没有作为前导的"1"，那其他再多的东西依然只是"0"。健康不只是最大的资产，更是唯一的资产：没有了健康，其他资产也都跟着化为乌有。

英国哲学家培根说："健康的身体是灵魂的宾馆，生病的身体则是灵魂的监狱。"很多人仗着自己年轻力壮，焚膏油以继晷，任意挥霍自己的健康，这其实是最得不偿失的行为，因为健康一旦失去，就很难再挽回。

因为无聊，所以丰富

世界无非是我们想象力的画布。

——梭罗（美国自然主义作家）

有一个男孩子，在十二岁时就成了他家的"家庭摄影师"，先是用八厘米摄影机记录家人的生活，不久就开始实验各种特殊效果，譬如夜空中的异光、玩具火车的撞毁等，后来更开始编排情节，自己搞起剪辑和配音来。

为了满足这位"小导演"的少年梦幻，爸爸、妈妈和三个妹妹都成了他随叫随到免费而忠实的演员。有一次，妈妈还用压力锅焖煮了三十罐樱桃，让它们爆开，将厨房喷得"血淋淋"，好让他能拍些"非常恐怖的理想画面"去参加摄影比赛，而他也真的因此赢得了奖章。

十五岁时，他完成了一部时长四十分钟的作品——《无处可逃》，后来又拍了十几部作品，经费都来自他利用假日打工所得。他甚至通过摄影将班上经常找他麻烦的一个大块头变成他的好友兼保镖。方法是有一天他跟对方说："我正在拍一部打击纳粹的片子，想请你当里面的战斗英雄。"对方大笑后答应了。他让那个大块头穿着军服，戴上钢盔，背着背包，饰演游击队长。大块头演得很卖力、很愉快，两人因此成为好友。

他就是后来成为国际知名大导演的史蒂文·斯皮尔伯格，他拍的《大白鲨》《第三类接触》《E.T.外星人》《侏罗纪公园》《辛德勒的名单》等电影都叫好又叫座，充满想象力。斯皮尔伯格的辉煌表现与他在青少年时代的经验和家人对他的支持和鼓励当然有密切关系，更重要的也许是斯皮尔伯格自己说的："我现在的成就和我居住、成长的地方——亚利桑那州凤凰城的郊外——有很大关系。郊居生活平淡无奇，你必须自己去制造乐趣。我十二岁时，为了打发无聊而开始学摄影……我发现我可以通过创造一个故事来为自己创造一天或是一整个星期的快乐。我想，这也是作家写作的原因——这样他们就可以改造世界。通过摄影，通过想象，我发觉我什么都可以做，住在什么地方也都无所谓了。"

每个人居住的地方不同，有人住在五光十色的都市，有人住在人烟稀少的乡下。很多人觉得自己成长的环境不如人，缺少刺激，将来难免要矮人一截。斯皮尔伯格的故事告诉我们，不要怪你住的地方偏僻、没有生气，也不要怪你的生活平淡无趣，要怪只怪你不能像他一样，以丰富的想象力为自己创造精彩的故事。

从一粒沙里看到世界

真正的发现之旅不是去寻找新的景观,而是拥有新的眼睛。

——普鲁斯特(法国小说家)

在瑞士的纳沙泰尔有一个少年,十岁时,人家送给他一只白雀。他天天逗白雀玩,并仔细观察它,然后把观察的结果写成一篇报告,寄给瑞士的一本自然研究期刊。想不到,这份专业的刊物居然刊出了他的文章。

后来,他对软体动物产生了浓厚的兴趣,经常去造访他家附近的一家博物馆,之后成为这家博物馆软体动物收集专家的学生。这位专家去世前留下遗言,把个人收集的所有软体动物都送给他,他因此首次得到进行系统的科学观察的机会。他把观察软体动物的心得写成一系列论文,这些论文都在他十六岁之前发表了。

因为这些论文,他成为瑞士学术圈内一位颇有名气的软体动物学家，日内瓦的一家博物馆甚至写信给他，邀请他去当部门主管。他婉言拒绝了，因为当时他还没有高中毕业。

他叫让·皮亚杰。十岁就在学术刊物上发表研究报告的，在科学史上可以说绝无仅有，由此我们也可以知道皮亚杰的观察力多么敏锐。这种敏锐的观察力又再度出现于他后来对儿童心理世界的研究中。

大学毕业后，他在儿童智力测验的研究工作中发现，儿童有迥异于成人的观念和思考模式。于是，他开始观察儿童，先是观察自己的研究对象，后来则集中在自己先后出生的三个孩子（一男二女）身上。像他过去观察白雀和软体动物那般，对孩子们从出生到少年这一漫长过程中的一举一动做敏锐入微、系统的观察，然后结合他在大学时代的逻辑法则与哲学训练，形成一套革命性的"儿童心智发展理论"，不仅可以和弗洛伊德的精神分析学说相媲美，而且成为结构主义哲学的先驱。

法国小说家普鲁斯特说："真正的发现之旅不是去寻找新的景观，而是拥有新的眼睛。"有人要走遍全世界，才知道什么叫沙子；有人却从一粒沙子里看到一个世界。"见多"固然能让人"识广"，但重要的其实不是你"看多少"，而是"怎么看"。与其像无头苍蝇四处乱飞，不如培养自己观察入微、仔细品鉴的能力。

玉不琢，不成器

尊敬是靠实力赢得的，不是别人给的。

——姚明（篮球运动员）

在上海，有个男孩懂事后就发现自己长得比同龄人高，但行动比同龄人迟钝，走起路来活像一只企鹅。他觉得"高人一等"没啥好处，反而发现不少缺点，譬如必须比同龄人早付公车费，很难买到合脚的鞋子。

他父母都是高个子，也都曾是篮球国手。他九岁时就开始打篮球，后来进入少年体校，却显得有点消极，只是听从教练的安排，要练就练，说歇就歇，没啥兴趣看球赛，更不会主动练习。父母的心里也有点矛盾，觉得如果有更好的出路，儿子并非一定要打篮球不可。所以，除了人高马大，他在球场上的表现并不是很出色。

十四岁时，他的身高已达两米零六。专家根据他骨骼的 X 光片判断，认为他有长到两米二三，甚至两米三的潜能。如果能即时给予适当的调教，将来必能在球场上叱咤风云。于是专家和教练为他展开了一项绵密的"成材计划"，除了改变饮食内容、生活习惯，加强他的心肺功能、身体协调性，最重要的是每周至少三天、每天四段总计长达十小时的反复练习，把各种基本动作做到炉火纯青，并提高投篮命中率。训练虽然辛苦，他却从中看到了自己的未来，而且开始热衷于观看美职篮的转播，在心潮澎湃中，产生强烈的认同感与自豪感。

他就是姚明。在多年的琢磨锤炼后，他从中职篮打到美职篮，成为美职篮的顶级中锋，掀起一阵又一阵的旋风。"高人一等"固然是他的强项，但火箭队跨海求才，重金礼聘他，看重的是他在上海大鲨鱼队时所表现出来的精湛球技，充满智慧的运球与传球、瞬间爆发力、高达76.7%的远距离投篮命中率，更在中职篮决赛的关键一战中，创下了21投21中的纪录。

在得到大家的肯定后，姚明终于愉快地承认人高马大确实也有些好处，可以"呼吸到比较新鲜的空气"。但若没有青少年时代持续不辍、精益求精的苦练，光靠"高人一等"，绝对无法让他比别人能更加"扬眉吐气"。

"玉不琢，不成器。"即使你是一块美玉，在某些方面有高人一等的条件或禀赋，如果不好好琢磨，也只能与草木同朽。对不起上苍，空留"暴殄天物"的遗憾。

蝴蝶与坦克

在我内心，老虎闻嗅着玫瑰。

——萨松（英国诗人）

在美国和加拿大边界的一个小镇，一个带着露营装备与钓具的青年，在等了七个小时后，终于搭上前往佩托斯基的火车。在车上，他以欣赏的眼光看着坐在对面的一个印第安少女，回味着这次暑假钓旅中的趣事。

他是个高二的学生，放暑假第二天就和一个好友带着营帐、毛毯、炊具、斧头、钓竿、地图等，沿着马尼斯蒂河到熊溪，在一处风景绝佳的地点扎营。他钓到两尾鳟鱼，杀死一条水蛇。在博德曼，他们一早就因河水暴涨而惊醒，匆忙逃往上方的水坝，但仍在大雨中抓到两条鲤鱼。隔天把鱼卖给一对老夫妇，换得一夸脱①的牛奶。然后坐火车到卡尔卡斯卡，再徒步前往拉皮德河，因为毯子湿了，他们只得躲到一家水力发电厂里过夜。他一夜未眠，坐在靠河边的窗户旁钓鱼。隔天，在一个伐木工地用餐后，他和好友分手……

对面的印第安少女似乎也陷入了沉思。他转而和一位男乘客聊天，攀谈中才知道对方是从阿尔巴来的伐木工人。愉快的交谈让他忘记了旅途的劳累。当晚，在佩托斯基的一家小旅店，他将数日来的经历整理出一个脉络，并在日记里写下他构思的一篇小说的纲要："曼西罗纳。雨夜。外貌强悍的伐木工人。年轻的印第安女孩。他将女孩杀了。他也自杀了。"

这个高中生，就是后来写出《战地钟声》《老人与海》等名著而获得诺贝尔文学奖的欧内斯特·海明威。他是个写实主义者，小说充满动感，就像前面那个小说纲要，大部分是由他个人的经验渲染而成。写小说一向被认为是比较文静、内向的活动，但海明威不仅热爱钓鱼、露营等户外活动，更喜欢拳击。在青少年时代，他几乎同时爱上了拳击与写作这两种南辕北辙的活动，而且终其一生，钟爱无减。

海明威有一篇充满寓意的小说，叫作《蝴蝶与坦克》，借由这篇小说和他的人生经历，海明威想告诉我们：蝴蝶是柔美的，坦克是粗犷的，柔美与粗犷不仅可以同时并存，而且能产生一种奇妙的和谐。从学生时代开始，他就兼容并蓄这两种看似互相冲突的特质和活动，结果他的人生比大部分的人都更加多彩与丰饶。

要让人生丰富多彩，你也需要你的蝴蝶，还有坦克。

---

① 美制1夸脱约合0.95升。——编者注

主动出击,做到最好

从做中学习,有压力才有效率,有竞争才有进步。

——王永庆(台湾"经营之神")

在台北的近郊有一个少年,小学毕业后,先到附近的茶园当杂工,后来又远赴台湾南部嘉义的一家米店当学徒。十六岁时,他靠父亲向别人借来的钱,自己在嘉义开了一家米店。

开始时,生意很难做,因为多数家庭都有他们固定光顾的米店,新米店很难找到客户。为了克服困境,他首先提升自己贩售大米的品质。当时因为加工技术落后,大米里常掺杂米糠、沙粒等,买卖双方原本都见怪不怪,他却费心地将米中的杂物捡干净,自己和顾客看了都满意。

更重要的是他主动出击,不仅挨家挨户去推销自己干净的大米,而且还免费替客户淘陈米、洗米缸,为客户提供个性化服务。在将米倒进米缸后,他会询问客户一家有几口人、每人饭量多大、一天大概用多少米以及米缸大小等等,一一记录下来,然后对客户说:"下次不用劳烦您到我店里去,我会主动送米过来。"

有了这些资料后,他估算出顾客米缸里的米何时会吃完,在快吃完前的两三天,就主动把米送过去。通过这种服务方式,他的顾客越来越多,不到一两年,营业额就增加了十几倍,最后自己开起了碾米厂。

他就是王永庆。在碾米厂开设成功后,他又开了砖瓦厂、木材行,后来更筹资创办"台湾塑胶公司",生意越做越大,事业版图从石化业扩展到电子、医疗、生物科技等领域,被誉为台湾的"经营之神"。

对于自己的成功,王永庆后来说:"贫寒的家境,以及在恶劣条件下的创业经验,使我年轻时就深刻体会到,先天环境的好坏不足喜,亦不足忧,成功的关键完全在于一己的努力。"这个"一己的努力"是不管做什么,都要将品质做到最好,而且要主动出击,收集各种有用的资讯,拟定有效的策略,给客户最完善的服务。

王永庆十六岁在卖米,已当了老板;你十六岁在读书,还是个学生。看起来似乎差很多,但要当个成功的米店老板跟做个成功的学生,道理是完全一样的,就是要收集各种有用的资讯,主动出击,将事情做到最好。

十年精读一本书

今天是一个读者,明天是一个领导者。

——富勒(美国作家)

在日本江户时代,有一个少年,父亲是幕府第五代将军德川纲吉手下的一位医师,在他十四岁时,父亲因不忠的罪名导致全家被流放到千叶县的一处穷乡僻壤。

他正值求学阶段,但流放地根本没有学校,当然他也就没有老师和同学,更糟的是他家里只有寥寥几本书,唯一比较像样的是一本《大学谚解》——以日文写成,用来诠释中国四书之一《大学》的读本。

在贫瘠而孤独的环境中,他能读的只有家中那几本书,遇到不懂的地方,也只能请教失意的父亲。好学的他很快将《大学谚解》背得一字不漏,因为无事可做,他开始默写《大学谚解》,先是竖着默写一遍，然后又横着默写一遍，每天反复练习，真正做到了滚瓜烂熟、倒背如流的地步。

直到他二十五岁时，父亲获赦，全家才又回到江户（东京）。他的命运因而改变，还意外地发现，孤独而贫瘠的放逐岁月竟然让他因祸得福。

他叫荻生徂徕。在回到人文荟萃之地后，他原本以为自己会因"读书不多"而难以出人头地，想不到由于过去彻底地精读了《大学谚解》，他不仅拥有了阅读中国古籍原文的能力，而且对文质微妙的变化有着比别人敏锐的感觉与趣味。他的汉学实力很快就压倒了当时江户的学者，不久即成为日本"古文辞学派"的创始人。

日本名作家夏目漱石的汉学造诣也很深，他晚年回忆说："孩提时，我曾到圣堂的图书馆，专心摹写徂徕的《萱园十笔》，现在我希望有生之年能再度重复当时的情景。"夏目漱石和荻生徂徕一样，深厚的汉学根基都建立在反复研读少数几本经典著作上，这就好像一个人只会一套拳法，只要反复精练，也可以成为一代大侠。

英国文学家约瑟夫·艾迪生曾说："阅读之于心灵，就像运动之于身体。"对于运动，很少人会要求自己十项全能；但对读书，很多人以为书是读得越多越好，这样才能显出自己学识的渊博。如果只是浮光掠影地浅尝辄止，读再多的书也是"船过水无痕"，受益有限。与其多读不如精读，仔细咀嚼、再三反刍，这样才能充分吸收，成为自己的养分，这也是"读五本普通的书不如一本好书读五次"的原因。

假装自己是位名作家

如果你想拥有某种特质,那就照你好像已经有了它那样去做。

——威廉·詹姆斯(美国心理学家)

有一个中学生,最怕的是作文课。每次一听到老师说要写作文,他就立刻变得脑残肠枯,心中一片空白,想了半天,还不知道要如何下笔。

有一天,老师又发下一个作文题目,文思枯竭的他正"望纸兴叹"时,忽然想到不久前在电视上看到他崇拜的一位名作家,这位作家在措辞遣字方面风格独特,很有一套。于是,他想象自己就是那位作家,将自己原先的一句话转换成那位作家可能的写法。譬如他原来想写"那个男人走进房间",但这种文句平板而庸俗,他想如果是那位作家的话,就应该将它写成"那个高大的男人走进房间"。如此反复琢磨,"以己之腹度那人之心",这句话最后竟然变成"那个高高瘦瘦的男人，痛苦而疲惫地走进灯光幽暗的房间"。

老师看了，大为赞赏，说他作文的修辞与表达能力进步很大。于是，从那时候开始，每遇到作文或要写其他什么东西时，他就把自己当成那位名作家，结果越写越好，他因而也有了那位作家的写作风格。

他叫 R.哈特里，后来虽然没有成为名作家，却是英国颇有名气的心理学家。前面所说的经验不仅提升了他的写作能力，而且给他提供了"心理学的灵感"。他在后来做了个特别的实验，证明人确实可以经由假装、扮演、认同某个对象，而改善自己在某些方面的不足。

哈特里的这种"学做他人样"，是介于"认同"与"模仿"之间的一种心灵运作。在成长的过程中，我们总会认同一些英雄人物，譬如蔡元培或林徽因，将他们视为我们在"人生大方向"上的精神导师。而在潜移默化中，我们的一些生活小节就会不知不觉地模仿他们，或者经常自问："遇到这种情况时，蔡元培会怎么想？林徽因会怎么做？"这样的仿同或自问，可以让我们"涵摄""吸纳"一些更成熟、更好的元素，久而久之，就能将它们变成属于自己的东西。

只要不是邯郸学步、画虎不成反类犬，这其实也是个人成长过程中一种重要的学习方式。没有人能够不经由学习而成为他自己；要学，就要向好的榜样去学。

学习的五种方法

多看、多吃苦、多研究,是学习的三根梁柱。

——迪斯累利(英国首相)

在英国伦敦的一家装订厂里,等待装订或已装订好还未交货的书籍堆积如山。一个十四岁的少年在订书工作的空当,如饥似渴地阅读身边的各类书籍。他什么书都看,包括科学、艺术、矿物、桥梁建造、医学等等。有一天,他读到一本《悟性的提升》,书中提到五个读书方法:勤做笔记、持续上课、有读书同伴、参加读书会、学习仔细观察和精确用字。这让他如获至宝,终身奉为圭臬。

他慢慢发现自己对电学和化学方面的知识特别有兴趣,于是利用废旧物品自己制造静电起电机,进行简单的实验,并将观察所得和自己的想法记录在一个随身携带的笔记本上。他还和一些青年朋友成立了一个读书会,经常聚在一起讨论问题。

虽然无法再上学,但他利用业余的时间去听各种科学演讲,还参加为失学少年所举办的"都市哲学会"课程,学习各种科学知识和实验方法。后来,他又去聆听当时英国最负盛名的科学家戴维的四场演讲,并且做了完整的笔记。二十一岁,订书匠的工作期满后,他写了一封毛遂自荐的信给戴维,并附上自己厚厚的笔记,希望能跟戴维学习。戴维非常感动,也十分赏识他的才能,于是聘用他为实验室的助手。

他叫迈克尔·法拉第。在成为戴维的助手后,法拉第得以开始自己正规的科学生涯。后来,他陆续发现了电磁感应、抗磁性、电解,更发明了工业文明的推手——发电机,奠定了电化学的基础,成就不仅远远超过提携他的戴维,而且被认为是英国继牛顿之后最伟大的科学家。

法拉第只有小学学历,当他在科学界慢慢崭露头角时,受到很多学历好、地位高的科学家的排斥和质疑。法拉第都不予理睬,而是更专心于自己的研究,因为他知道:一位科学家的真正价值在于他有什么发现或发明,而不是他是哪所名校的博士或是哪所大学的教授。

其实,不只科学如此,其他行业也都是如此。重要的不是学校、学历,而是你学习的态度和方法。法拉第从《悟性的提升》里吸收的那五种方法,更是不管你学什么或做什么都需要的法宝。

听见不同的鼓声

如果有人和同伴的步调不一,那可能是因为他听到了不同的鼓声。

——梭罗(美国自然主义作家)

1932年,在上海圣马利亚女校,一个初中一年级的女生,在校刊《凤藻》上发表了一篇名为《不幸的她》的文章(片段):

> 她急急的乘船回来,见着了儿时的故乡,天光海色,心里蕴蓄已久的悲愁喜乐,都涌上来。一阵辛酸,溶化在热泪里,流了出来……瞧见雍姊的丈夫和女儿的和蔼的招待,总觉怔怔忡忡的难过。一星期过去,她忽然秘密地走了。留着了个纸条给雍姊写着:"我不忍看了你的快乐,更形成我的凄清!别了!人生聚散,本是常事,无论怎样,我们总有藏着泪珠撒手的一日!"……暮色渐浓了,新月微微的升在空中。她只是细细的

在脑中寻绎她童年的快乐,她耳边仿佛还缭绕着那从前的歌声呢!

隔年,《凤藻》上又刊出她的另一篇《迟暮》(片段):

> 灯光绿黯黯的,更显出夜半的苍凉。在暗室的一隅,发出一声声凄切凝重的磬声,和着轻轻的喃喃的模模糊糊的诵经声:"黄卷青灯,美人迟暮,千古一辙。"她心里千回百转地想,接着,一滴冷的泪珠流到冷的嘴唇上,封住了想说话又说不出的颤动着的口。

她,就是后来成为知名小说家的张爱玲。从她在初中一、二年级所写的文章已可看出她敏感的心思和细腻的才情,不仅早慧,而且有着少女不应有的忧郁与沧桑之感。这除了她个人先天的气质,后天环境显然也有很大的影响。

张爱玲虽然家世显赫,父母却感情不睦,使她得不到家庭的温暖;读的圣马利亚女校虽然是上海名校,但瘦骨嶙峋、衣饰古板的她在同侪中落落寡欢,没有什么知心朋友,而只能借文章来一吐她胸中的块垒。

在她二十岁所写的《天才梦》里,张爱玲说:"我是个古怪的女孩,从小被目为天才,除了发展我的天才外别无生存的目标。然而,当童年的狂想逐渐褪色的时候,我发现我除了天才的梦之外一无所有——所有的只是天才的乖僻缺点。"我们很难说这种古怪和敏感有什么不好,但也许因为她自知乖僻,而且以创作来抚慰自己的乖僻,所以在日后能成为一个名家。

每个人都有他的欢欣与哀愁,如何将它们搭配成一首感人甚至迷人的生命之歌,考验我们每个人的智慧。

尺有所短，寸有所长

如果能从发霉的面包里提炼出青霉素，那从你身上也必然能找到什么。

——阿里（世界拳王）

一个十二岁的少年满脸悲愤地走进警察局，报案说他的脚踏车被偷了，他咬牙切齿地说："我恨不得宰了那个贼！"因为他的家境清寒，父亲是个油漆工人，他自己也利用课余时间打工，脚踏车被偷对他来说实在是损失惨重。

受理的警察名叫乔·马丁，他瞧着少年说："你要向人挑战，得先自己有两下子。你为何不学拳击？"马丁会这样说，因为他刚好是个拳击教练，自己有家拳击馆，他觉得眼前这个少年是练拳的料子。

少年觉得这个主意不错，于是开始到马丁的拳击馆练习，后来转而到格来士社区中心的斯通纳拳击馆接受更严格的训练。每天下午放学后，他先到一家天主教学校的修女处打工，六点到八点在马丁的拳击馆练习，八点到十二点又转往斯通纳的拳击馆，勤练左快拳、右直拳、勾拳、躲闪等动作，每个动作都不停地做两百次。

结果，他虽没有痛击那个偷车贼，却打败了州内的很多少年拳手，连续六届赢得肯塔基州的金手套奖。

他叫卡修斯·克莱，皈依伊斯兰教后改名为穆罕默德·阿里。他在学校的成绩奇烂无比，但他就读的中央高中还是让他顺利毕业。该校校长有一次在教职员会议上说，这个学生将来"会使本校闻名遐迩"。他说对了，因为阿里不久就在1960年的罗马奥运会上赢得了81公斤级的拳击金牌，四年后更打败当时的重量级拳王利斯顿，成为世界拳王。现在上网去查，肯塔基州路易斯维尔的中央高中的"杰出校友栏"上，排名第一的正是穆罕默德·阿里，中央高中果然因他而增光添彩。

阿里在成名后，提起他那不堪回首的学生生涯时，半开玩笑地说："我说过我是最伟大的，但并不是最聪明的。"其实，条条大路通罗马，谁说一定要聪明、一定要成绩好才能有成就？阿里并非不学无术，他说过很多名言，而意味深长的一句是："如果能从发霉的面包里提炼出青霉素，那从你身上也必然能找到什么。"不管那是什么，都像阿里的拳头，是苦练出来的。

古人说："尺有所短，寸有所长。"成绩不好的人，也许有成绩好的人所欠缺的长处，在这方面多琢磨，才是开创自己美好人生的正道。

门板上的樱桃与蛀虫

有想象力而不学习的人,只有翅膀没有脚。

——儒贝尔(法国哲学家)

  在西班牙濒临地中海的卡达凯斯,一个十六岁的少年花了很长时间,终于完成了一幅叫作《大提琴手里卡多·皮科特的肖像》的油画:一位男士坐在窗边专心演奏着大提琴,阳光从窗外照射进来,那种光影的效果非常逼真,呈现出典型的"印象派"细腻风格;而作为背景的底色,更是一层层耐心地涂抹上去,给人一种精致的美感。

  画中的主人公是少年父亲的朋友雷蒙·皮科特的侄子。雷蒙是一位画家,家里收藏了不少画作,少年从小就经常到他家去游玩,对那些画作所呈现的精湛技巧大为折服,他不仅立志要成为一位画家,而且认真模仿、学习点描法、透视法和工笔画法等各种技法。

雷蒙给他一套油画画具，还腾出一个光线充足的房间给他当画室。他经常整天待在房间里，画一大沓画，钉在墙上。有一天，他注意到房间那扇漂亮的老木门上有很多被虫蛀的洞，突发奇想，把木门当作画布，利用门板上深浅不一的红色系画出一串活灵活现的樱桃，那些被虫蛀的洞就如同真樱桃上的蛀虫洞一般。有人说他忘了画樱桃梗，于是他在适当的位置粘上一根根真的樱桃梗；为求"写实"，他还鼓起无限的耐心，把门板里的蛀虫全挑出来，再一一塞进从真樱桃里掏出来的蛀虫。

这个少年叫萨尔瓦多·达利，后来成为最具代表性的超现实主义画家，也是继毕加索之后，最具创意与最伟大的西班牙画家。成名后的达利留着两撇夸张上翘的胡子，言行荒诞，举止怪异，给人一种喜欢搞噱头，甚至哗众取宠的感觉，但在创作的领域里，他是非常严谨、一丝不苟的。这种严谨与细腻是从少年时代一点一滴累积起来的。

达利作品的特色是以非常精湛、深厚、传统的绘画技巧来表达他狂野、大胆、新奇的想象力和创意，看似矛盾的组合，却营造出无人能及的梦幻美感。创意也许能从天而降，或从他人处得到启发，用来表达创意的真功夫却不是可以"呼之即来"的，它需要长时间的反复练习、琢磨，而达利从青少年时代就养成了"慢工细活"的习惯。

现在有不少人高喊要开发创意，但对好好接受基本训练缺乏耐心。这样的人就好像只有翅膀却没有脚，根本没有办法在现实世界里"着陆"。

让想象成为习惯

想象力是你对精彩人生的预览。

——爱因斯坦(诺贝尔物理学奖得主)

在奥地利,有一个男孩,五岁时,哥哥突然夭折,他从此整日生活在恐惧之中。夜晚躺在床上,他的眼前老是出现恐怖的景象。为了摆脱它们,他开始想象自己到了别的地方,遇到一些奇妙的人,做了很多有趣的事。

想象慢慢成为一种习惯,每天晚上(有时候是白天)当他独处时,他就会开始他的"想象之旅",在心中想象前往一个新的城市、新的国家,住在那里,遇到各式各样的人,和他们做朋友。别人也许会觉得这些都是虚幻的、无法相信的,但对他来说,不管多么荒诞无稽,它们都跟真实世界里的景象一样"真实",那些人的音容笑貌也跟实际生活中的人一样可近可亲,而他对他们的感情也千真万确。

十七岁，当他去就读格拉茨的技术学院时，开始对机械产生浓厚的兴趣，于是他将每天的想象转移到这方面。他很高兴地发现，以前的想象经验使他可以在没有模型、没有蓝图的情况下，也能在心中想象出一部真正的机器，而且巨细靡遗。

他叫尼古拉·特斯拉，后来移民到美国，曾与爱迪生共事过，也是马克·吐温的好友。他发明了交流电发电机、日光灯，还有一大堆小机器。很多谈特殊智能和想象力的专家都会提到他，因为他具有让人非常惊讶的空间视觉能力。

特斯拉有一个绰号叫"电子魔术师"，他可以靠栩栩如生的想象在心中浮现出一部精密机器的全貌，看到它运转的情形，甚至能将它在心中拆解开来，改良它的构造。他的大多数发明也都和这种心灵的想象有关。也许因为他天生异禀，也可能因为他从小就一再训练自己的想象能力，使他后来能有高人一等的空间视觉能力。

每个人都有想象力，但很多人只是用它来逃避现实。爱因斯坦说："想象力比知识重要，知识有限，想象力环绕全世界。"与其消极地用想象力来逃避现实，不如积极地用它来"创造新事实""预览未来"。知识需要学习，想象力也需要训练。像特斯拉一样，每天花些时间或利用搭车等空当，设定一个目标，专心发挥你的想象力，日积月累，你可能就会收获原先"想象不到"的结果。

要卖文具还是卖鸭蛋

知识因学习而获得,因怀疑而信赖,因运用而娴熟。

——萨兹(美国精神医学家)

在台湾省彰化县的鹿港镇,有一个男孩,父亲在他三岁时就因病去世,留下他和母亲相依为命,靠着一家小小的杂货铺艰苦度日,一直到上高中,他才有皮鞋穿。

他在学校的成绩很好,特别是数学这个科目。因为从小就要利用课余的时间帮母亲做买卖,杂货铺卖的多数东西都要论斤计两算价钱,所以他对数理特别有兴趣,也特别有心得,高中时曾荣获爱迪生奖。

从买卖经验中,他也有了不少领悟。譬如他家的铺子卖文具,也卖鸭蛋,十元的文具至少可以赚四元,利润超过40%;鸭蛋则是一斤三元,卖一斤赚三角,利润只有10%;文具摆几个月都不会坏,但鸭蛋几天卖不出去就会变质，经济上就有损失。表面上看来，卖文具应该比卖鸭蛋更好，但实际经验告诉他，卖鸭蛋要胜过卖文具。因为文具的需求量不大，一样东西有时放半年都卖不出去，积压成本，利润可能被其他损耗吃光；鸭蛋的利润虽然微薄，因为需求量大，所以总的看来，卖鸭蛋的整体利润要高于卖文具。

高中毕业，他参加大学联考，一些成绩好的同学纷纷选择医学院，他却选择了理工类，而且读的是刚成立的交通大学电子工程系，走上一条自己喜欢但也充满挑战的路。

他就是施振荣。从交通大学电子工程研究所毕业后，他先后到环宇、荣泰电子公司服务，开发出台湾第一台桌上型计算器、第一台手上型电子计算机与世界上第一支电子笔表。1976年，他与友人创立宏碁公司，一步步扩充事业版图，终于使Acer（宏碁）成为国际上的知名品牌。

施振荣说，少年时代卖鸭蛋的经验为他后来卖电脑提供了不少借鉴之处。首先，产品一定要"新鲜"——最先进的；其次，要"薄利多销"，产品的价格要比同行低，以销量大来弥补薄利，减少库存，资金周转也快。

对喜欢探索的心灵来说，整个世界都是他的实验室。不管你现在置身何处，在做什么，只要能用心体会，你的经验将来都能派上用场。

如何让老虎专心

泰山崩于前而色不变,麋鹿兴于左而目不瞬。

——苏洵(北宋文学家)

在绿草如茵的高尔夫球场上,一个少年看着脚前的小白球,正准备挥杆时,忽然听到一种奇怪的声音。他缩手转头,看见站在身后的父亲正用手将口袋里的硬币拨弄得叮当作响,还露出一脸笑容。

"我正在打球,你这是什么跟什么嘛!"他生气地瞪了父亲一眼。谁知道父亲竟和悦地说:"你打你的球,我玩我的。"

后来他才知道,这是父亲对他的"训练"方式之一。不管周遭环境中出现什么声响,都不要分心、动怒,而应该专心、心平气和地打你的球。慢慢地,他在准备挥杆时,就不再注意,也没再听到父亲在旁边故意制造出来的各种声响。

在克服听觉干扰后,父亲又为他制造了各种视觉干扰。譬如在他要挥杆时，一只小白球忽然滚到他右边的视野中；当他在果岭上读线时，好多小白球在前面乱滚一通。久而久之，对这些视觉干扰，他也都能练到"视若无睹"。

更重要的是不受自己情绪的干扰。有一次，他打得很不理想，发火将球杆扔到地上。父亲静静地问他："球打不好，是谁的责任？"他一听，立刻露出悔意，将球杆捡起来。

这个少年就是老虎·伍兹（泰格·伍兹）。当他成为扬名国际的高尔夫球好手后，不止一次由衷感谢父亲厄尔·伍兹对他的栽培。没有厄尔·伍兹，就不会有老虎·伍兹，父亲厄尔的确是他最好的教练。但栽培也要得法，他不像很多望子成龙的父母，费心又贴心地为子女提供最宁静、最舒适的学习环境，而是将儿子抛入最具挑战性的复杂环境中，因为这样才能让孩子学到更多、更扎实的东西。

厄尔对"老虎"的训练，让人想起苏洵所说的"为将之道，当先治心；泰山崩于前而色不变，麋鹿兴于左而目不瞬"。你想当"大将军"，就要"专心而宁静"，不受外在环境的干扰。其实，不管做什么事，想要有所成就，都必须如此。一个人不能光靠想象或耳提面命就专心而宁静地做一件事，而是需要实地的试验和磨炼。有人能耐心地给你机会当然很好，说到底，责任在自己，自我磨炼才是最可靠的。

动手之前先动脑

你思考得越多,时间就越多。

——福特(福特汽车创办人)

在美国休斯敦,有一个中学生,十五岁生日时,靠以前打工的收入,为自己买了一份生日礼物:一部新型的苹果电脑。电脑一进门,他做的第一件事是将电脑拆解,仔细了解其构造,然后测试自己是否有重新将它们组合的能力。

十六岁那年的暑假,他靠替《休斯敦邮报》拉订户来打工赚钱。跑了几天后,他发现潜在的订户有两大类:一是刚结婚的,一是刚搬家的。于是,他雇用了一大批同学到休斯敦十六个郡的法院去抄写即将举行婚礼的预约者的姓名和地址,又从专业抵押公司那里寻找最有可能搬家的人。然后按地址寄去由他署名的广告信,提出诱人的优惠办法:现在订阅《休斯敦邮报》将可得到两周的免费报纸。

这个推销策略非常成功，让他在短时间内就获得了数千名订户，一跃而成为《休斯敦邮报》的主要销售商，也让他赚到了一万八千美元。他用这些钱犒赏自己，买了三部新电脑和一辆二手车。

他叫迈克尔·戴尔。高中毕业后，他因父母希望他将来当医师而进入得州大学医学院就读。在第一学年，他就在宿舍里卖电脑卖得生意忙不过来，不久就退学去自行创业。他后来成立的"戴尔电脑公司"，一度是全球第二大电脑公司，也曾是获利最高、成长最快的公司。

从戴尔在高中暑假替报纸拉订户的方式里，我们就可以窥见后来戴尔电脑公司成功的一个诀窍：他争取客户，不是像多数人一般只强调"勤快"——从早到晚不辞辛劳地挨家挨户去推销报纸，而是先动脑筋分析客户的特征，想办法找出潜在的客源，再提出吸引人的方案。聪明的办法虽然是由他一个人提出的，但要将它付诸实现，不能全靠自己，而是需要集结众人的力量。这就是他屡试不爽的成功模式。

不管做什么事都需要勤快，而"勤能补拙"更是在替大家打气。但遇到事情如果不先睁大眼睛看看四周，审时度势，动脑思考，"谋定而后动"，而只是连忙低头，一味地"勤"，那就显得有点"拙"。聪明人在动手之前会先动脑，这种"聪明"并非天生，而是来自自我提醒和训练。

一扇特别的窗

你可以因玫瑰有刺而抱怨,也可以因刺上有玫瑰而欢喜。

——基吉(美国作家)

在美国波士顿,有一个女孩子出生后就与众不同,她对声音和触摸极为敏感,母亲要抱她时,她会尖叫并全身僵硬。慢慢地,家人发现她的眼神空茫失焦,好像活在自己的世界里,很难和人沟通。医师说她得了自闭症,脑部的知觉过滤系统有缺陷。

父母请专业人员来教她说话和处理日常生活。她在特殊教育老师的协助下完成了小学和中学教育,但她一点也不快乐,她成了同学们捉弄的对象,大家都叫她"录音机",因为她老是重复别人说过的话。

少女时代,有一次她到一位亲戚的农场度假,注意到农场里牛的各种行为反应,感觉非常"亲切",因为她认为这些动物很像她,对声音和触摸都非常敏感,也会感到害怕。后来,她进一步认为它们跟她一样,是用图像来思考的,因此也更加理解动物,对动物产生了特殊的情感。

也许是为了了解自己和动物,她在大学时读的是心理学,后来更专研动物学,获得了伊利诺伊大学的动物科学博士学位。此后,除了在大学任教,她把所有心力都放在了理解动物行为并改善它们生活的工作上。

她叫坦普·葛兰汀,如今已成为为全球畜牧业带来重大变革的灵魂人物。在传统肉质动物的饲养、屠宰和运载过程里,她尝试以动物的眼光和心思找出环境中会让它们感到害怕的声音、影像和触觉刺激,要求从业者加以改善,而从业者也都乐于遵从,因为她的建议的确非常有效。

更值得一般人关注的是,她在《星星的孩子》《图像思考》等著作里现身说法,让我们了解了自闭症患者的内心世界。对于中学时代的那段灰暗岁月,葛兰汀说:"我现在可以大笑以对,若要真的回去,那的确会很受伤。"不过,她还是无悔于自己是个自闭症患者,因为自闭症让她有了跟别人不一样的人生。

其实,每一种异常,与其说是一种"缺陷",不如说是一种"特质",能为当事者提供一扇"特别的窗"。每个人多少都有"异于常人"之处,那就是你生命中"特别的窗"。带着笑容往窗外看,你将看到一个别人看不到的世界,会有跟别人不一样的人生。

台上一分钟,台下十年功

成功位于准备与机会相遇之处。

——乌恩瑟(美国赛车手)

在高雄有一个男孩,八岁时他第一次到百货公司看魔术表演,立刻为之着迷,于是开始寻找相关的节目和书籍来看。光看还不过瘾,他又根据教材,无师自通地学习起魔术来,然后在同学面前表演。他表演的第一个魔术是把一枚硬币吃进嘴里,再从后脑勺取出来。为了出神入化,他可以废寝忘食地练习同一个动作,譬如为了将一个铁环漂亮地套进另一个铁环中,他连续两天两夜没睡觉,反复地练习。

十二岁时,他以精湛的技艺获得台湾地区"青少年魔术大赛冠军"。读高中时,他有了正式登台表演的机会。第一次在一家外商的尾牙宴上表演,他因为上台后过于紧张,表情呆板,手脚颤抖,眼神飘忽不定，表演得很糟，观众们看了一分钟，就自顾自地低头吃饭了。

这次失败让他明白，所谓"成功的演出"不是单靠技术的，还涉及很多因素。于是，他开始研读各种"自我行销"的书籍，注意自己的打扮和说话的技巧，每天对着镜子训练自己的眼神与手势，通过各种有形、无形的方式引起观众的好奇心和注意力，为自己的魔术表演制造最大的娱乐效果。

他就是刘谦。本来只想做业余表演的他，从东吴大学日语系毕业后，工作并不是很顺利，转而决定成为职业魔术师。结果，他不仅成为唯一到拉斯维加斯与好莱坞表演的中国台湾魔术师，而且红遍日本、欧美等地，成为中国台湾最具国际知名度的魔术师。

刘谦说："其实我打从一开始就觉得自己会成功，只是还真没想到会红成这样！"刘谦的自信来自他的自我要求和精准认知。所谓"熟能生巧""台上一分钟，台下十年功"，只有不厌其烦地反复苦练，才能有出神入化的技巧。而光有技巧就好像只会读书，也不见得会成功。就像红花需要绿叶陪衬一般，想要脱颖而出，还必须培养其他辅助性的能力，譬如表演（表达）能力、人际交往能力等，没有这些条件的配合或支撑，那你可能连被认识的机会都没有。

赢，不是靠运气，而是靠准备。路，是人走出来的，但准备充分的人能走得更自在，也走得更远。

第三章

品 质 篇

在青春年华，我们以彩虹为衣，如"黄道带"般勇敢前行。

——爱默生（美国文学家）

推销自我的勇气和胆识

做任何事，必须要有突破，没有突破，就等于没做。

——马云（阿里巴巴公司创办人）

改革开放后不久，在西湖香格里拉饭店的门口，经常可以看到一个十二三岁的小男孩，操着不太流利的英语，热情地邀请外国游客坐他的自行车畅游西湖。他这样做，除了想赚外快，更希望通过与外国人交谈，锻炼自己的英语会话能力。

在学校里，他是个喜欢调皮捣蛋、行侠仗义的"硬汉"，成绩平平，数学奇差，但对英语情有独钟，原因竟然是"爸爸骂我，我就用英语还口，他听不懂，挺过瘾，就学上了，越学越带劲"。

高中考了两次，大学考了三次，他才勉强进入杭州师范学院英语系，但也让他如鱼得水。除了继续到饭店门口"守株"，寻找锻炼英语的外国"兔子"，他也开始和越来越多的外国人建立友谊，并从中获得来自世界各地的最新信息。二十一岁时，他更是接受一位澳大利亚友人的邀请，到澳大利亚玩了一个月。这趟异国之旅让他眼界大开，觉得一个人一定要有国际观，而最直接、最有效的途径就是提高自己的英语水平，做到能读、能讲、能写，与各色人等交流畅行无碍，和世界保持同步。

他就是马云。大学毕业后，他到杭州电子工业学院教英语，利用课余时间成立了供英语爱好者交流的"英语角"，后来还创立了"海博翻译社"。1995年，杭州市政府看中他的英语沟通能力，请他去与美国的投资者进行谈判。这趟美国之旅让他第一次实际接触到梦寐以求的互联网，对电脑一窍不通的他立刻迷上了这个新奇的玩意儿，而且直觉让他感到，它在中国将是一个隐藏着巨大财富的商机。

回国后，马云辞去教职，召集一批英雄好汉，创办了"中国黄页"网站。在与外经贸部合作一段时间后，1999年，他和一群志同道合的兄弟创办了阿里巴巴公司，马不停蹄地到世界各地参加论坛、开说明会。如今，阿里巴巴已是全球最大的B2B公司之一，马云也成为第一个登上《福布斯》杂志封面的中国企业家。

如果不是英语能力强，马云就不可能被派去美国谈判，不可能及早接触到国际网络，当然也就不会有后来的阿里巴巴了。并非每个英语系的毕业生都能用英语和外国人侃侃而谈，这又要追溯到他青少年时代通过为外国游客当导游来锻炼英语的经历了。推销自我需要勇气和胆识，而这种勇气、胆识和自我推销又在他毅然投身于陌生的电子商务事业中时重现。

不管你有什么优点或专长，你都要有勇气和胆识去推销自己，让人家认识到你的好。

勇气的阶梯

勇气是让其他所有优点攀爬的阶梯。

——克莱尔·布思·卢斯（美国剧作家）

在美国加州，一个十来岁的女孩子，有一天看见母亲在暗自流泪。她问母亲才知道，原来母亲辛苦地织了几件绒织品，一向有来往的店家却不肯收购，母亲因为生活没有着落而忧心。她听了，立刻提起篮子，戴着母亲织的一顶绒帽出门，到每一家可能的商店去兜售，最后把每一件都卖掉了，而且价钱比母亲以往卖给那家店的多出一倍。

她的家境清寒，家里经常三餐不继，当全家人饿着肚子发愁时，她就会自告奋勇到面包店里，低声下气地请老板答应继续让她赊欠；或者到肉铺去，用甜言蜜语向屠夫要一小块羊肉。对这类冒险性的任务，她总是乐意去做，虽然也会失败，但在成功时，她就会带着战利品,高兴地边走边跳舞回家。

她很喜欢跳舞,六岁的时候就主动找了几个邻居的小孩,教他们"手舞足蹈";后来更在家里成立"舞蹈学校",教小朋友跳舞;十二岁时,和哥哥姐姐成立剧团,到各地巡回演出。他们全家人经常聚在一起讨论未来的计划和梦想,她最后的结论总是:"我们必须离开这个地方,在这里我们永远搞不出什么名堂来。"

她叫伊莎多拉·邓肯,后来被尊为"现代舞的开路先锋"。她的舞蹈脱胎于大自然,纯朴而又奔放。在扭怩作态、僵硬的古典芭蕾当道的环境中,她从旧金山出发,到芝加哥、纽约,再转往伦敦、欧洲大陆,去演出和推销她的"现代舞"。虽然饱受白眼、挫折与贫穷的煎熬,她却甘之如饴,最后终于美梦成真,世人为她的舞蹈艺术拍手叫好。

邓肯的成功固然在于她的坚持理想,但在坚持理想之前有个更重要的因素是她敢于表达自我,勇于说出她对古典芭蕾不屑的看法。"家人当中,我算是最勇敢的",就是这种"勇敢"使她能自告奋勇地去赊账、去游说店家,更能不理会世人白眼,豪迈地舞出自己,争取各种可能的支持。

"勇气是让其他所有优点攀爬的阶梯。"美国剧作家卢斯说得没错,不管你有多么优秀的能力,若是像害羞的绵羊般怯于表现,谁又会知道?不管你有多么伟大的梦想,若是像只缩头乌龟般不敢放手去做,一切都只能是可笑的空想。

养成严谨的习惯

琐碎带来完美,但完美绝不是琐事。

——米开朗琪罗(意大利艺术家)

在 20 世纪 20 年代,北京师大附中有一个既聪明又用功的学生,不仅功课领先同龄人,而且多才多艺,擅长画各种动植物,拉得一手好提琴,也喜欢文学,对名家作品如数家珍,还代表班上参加辩论比赛。

令人印象最深刻的是他非常讲究秩序与精确,写字极为工整,在学校和居家生活都井井有条、一丝不苟,虽然有时会参与些课外活动,但每天总是在同一时间返抵家门。到他家去玩的同学发现,他的房间总是整理得井然有序、一尘不染。

更早在读北京第二实验小学时,他就显露出这种特质或者习性。当时的孩子喜欢折纸飞机玩,他折的纸飞机特别仔细、特别精准,比其他同学都要对称、均匀、平顺，所以飞得就比别人的稳，也飞得特别远。

在初中三年级时，他就决定将来要成为一位科学家，不只因为当时的中国需要发展科学，更因为科学所讲究的理性、精确与秩序，跟他的习性相符，能让他如鱼得水。高中毕业后，他以优异的成绩考进上海交通大学的机械工程系，主修铁路工程。上学期间，饱尝日本飞机轰炸之苦，觉得航空又比铁路重要，因而在大学毕业，得到庚子奖学金后，他又到美国转攻航空工程学。

他就是后来有中国"导弹之父"与"航天之父"美誉的钱学森。导弹与航天都是要求极其精准的尖端科技，是所谓"失之毫厘"就会"差之千里"的，钱学森自己就曾说："科学上不能有一点失误，小数点错一个，打出去的导弹就可能飞回来打到自己。"这一点也难不倒他，而是能让他一展所长，因为他一向以"严谨、严肃、严格、严密"的态度做研究，在上海交大做实验时，有的计算数字就精确到小数点后八位。

加州理工大学的冯·卡门教授是当时航空工程界的巨擘，也是钱学森的恩师。冯·卡门对钱学森的一丝不苟也印象深刻，他在回忆录里提到初见钱学森的情景："（他）一脸严肃，对我的问题作答极为精准，非常少见。他思路的深邃敏捷也深得我心。"

成功需要很多条件的配合，养成做事精准、态度严谨的习惯，不管做什么都能让人受益无穷。

好奇的魔力

我们不断前进,打开新门户,从事新事情,因为我们好奇。

——迪士尼(迪士尼乐园创办人)

在美国堪萨斯市的班腾文法学校,有一天,一个调皮的工读生在一早送完报纸后,打扮成林肯的模样——头上戴着用纸板做的黑色大礼帽,嘴边粘着从戏服店买来的假胡子,还围着一条围巾——来到了学校。

同学们都好奇地看着他,校长也发现了。校长问他:"这位同学,你为什么打扮成这样?"他回答:"今天是林肯的生日,我要背诵他在葛底斯堡的演讲。"然后,他到教室里表演得惟妙惟肖,同学们都拍手叫好。校长一时兴起,就带着他到每一班去"巡回"演出,他也因此乐不可支。

后来,他又和一名同学在学校的才艺表演中演出《摄影艺廊内的趣事》短剧：用一台特殊的照相机帮同学拍照，在按下快门时，照相机忽然喷出水来，将毫无提防的同学喷得一身湿，然后他从照相机里抽出一张那名受害同学的"写真"——他事先画好，藏在照相机里的漫画图像。这个幽默而又极具创意的短剧赢得了满堂彩。他甚至和这名同学偷偷到堪萨斯市的"业余者之夜"比赛里演出短剧和喜剧。

他叫华特·迪士尼，就是后来创办"迪士尼公司"和"迪士尼乐园"的那个人。虽然他在成名之后说"一切都从一只老鼠开始"（二十多岁时，因一只老鼠给他灵感，画出了《米老鼠》卡通），但在上中学时，他已表现出这方面的才华，《摄影艺廊内的趣事》这个短剧即包含了他后来事业的三个基本元素：演艺、喜剧与漫画。

他假扮成林肯发表演说也许只是为了好玩，而校长柯亭汉对他的欣赏与鼓励则让他铭感五内。毕业多年后，他还每年寄圣诞卡给校长。1938年，他邀请还在当班腾校长的柯亭汉和母校的所有学生免费观赏他出品的《白雪公主与七个小矮人》卡通电影。

华特·迪士尼说："只要好奇，你就会发现有一大堆有趣的事可做。"少年时代的他为了生活，经常在凌晨三点半就要起床，挨家挨户去送报纸，他却不以为苦，因为他用他的好奇心找到很多有趣的事，并在后来把欢乐带给世人。

人间处处有惊喜。保持好奇与乐观的心情，当你把生活"变有趣"后，再困苦的生活也会"变容易"。

接受军事训练洗礼的感性

如果热情驱策你,那就让理智握住缰绳。

——富兰克林(美国政治家)

在布拉格,有一个瘦削、苍白、文静而有点神经质的男孩,小时候,母亲因为怀念早逝的女儿而将他当女孩子打扮,为他留长卷发,还给他洋娃娃当玩具,一直到他六岁。他那当过军官却壮志未酬的父亲,在他十二岁时,就硬把他送到圣珀尔滕的初级军事学校,想把他培养成一个威武的军官。

以勇猛、坚毅为诉求的军事教育完全不适合他,在耐心忍受了四年强调纪律、敌视个性的住校生活后,他痛苦万分,表达了不想再撑下去的愿望。但他父亲视若无睹,又将他转到另一所军事学院。结果在第五年,也就是他十七岁时,他因为受不了严格紧张的训练与生活而病倒,父亲只好让他退学。

从军校退学后,他花了三年的时间补习进修,在二十一岁时考进布拉格大学,主修他喜欢的文学,后来又到慕尼黑大学研读艺术史与哲学。

他叫赖内·马利亚·里尔克,后来以《杜伊诺哀歌》等诗作闻名于世,几乎可以说他是文坛公认的二十世纪最重要的德语诗人。成名之后的里尔克在回忆青少年时代的军校生活时,曾说"精神上的痛苦甚于身体的痛苦",他认为那段灰暗的人生是造成他日后诸多心理困扰的原因(当然,有些困扰是来自小时候被母亲"男扮女装")。

这固然表明父母的观念和教养方式会对子女的身心健康与未来产生深远的影响,但军校生活对里尔克也非毫无益处。我们读里尔克的诗,很容易就能感觉到某种不一样的味道,他的诗虽也是感性的,却是精确、简洁而内敛的感性。换句话说,是一种经过"军事训练洗礼"后的感性,也是一种令人赞赏的独特的艺术形式。虽然里尔克抱怨他的军校生活是在白费时间与精力,但艺术评论家和精神分析家大抵认为,违反其志趣的军校生活"平衡了他极端的感性,使其思想更加精深,进而开启了他对人类困苦的特别了解"。

人生有很多经验不仅不是出于自愿,而且会让人有无可逃避的痛苦。但凡走过的必然留下痕迹,所有的经验,不管多么无谓或痛苦,好好品尝与吸纳,都能成为建构自己独特性的素材。

听从良知的呼唤

上帝就在你身边,与你同行,在你心中。

——塞内加(古罗马剧作家)

"1837年2月7日,神告诉我,他将派遣我去做某件事。"一个十七岁的英国少女在她的《秘密笔记》里写下这样的一段话——从几年前开始,她就以随手可得的纸张记录当下浮现的想法和心情,而且全部保存下来,那是比日记更直接、更私密的自我显影与内在交谈。

她出身于英国上流社会,过着锦衣玉食的千金小姐生活,从少女时代开始,她就是社交圈的名媛,周旋于王公贵妇、才子佳人之间,经常坐着马车在欧陆四处旅行。就在十七岁时的那一天,她觉得自己像圣女贞德般,听到上帝对她的召唤。

匆匆过了两年,1839年3月,在离开巴黎前夕,她的《秘密笔记》里又出现这样的记载:"为了要让自己有资格成为神的仆人,我必须克服希望能在社交界引人注目的想法。"

为什么她没有再听到神的召唤?在自我反省后,她觉得那是因为她"一直没有做出足以让神再度召唤她的事,自己只是一味陶醉在歌剧、舞会的快乐里"的关系。这种社交名媛的生活显然无法满足她内心深处的需求,她知道,如果她想再度听到神的召唤,她就必须远离声色刺激,改变自己的生活。

她叫弗洛伦斯·南丁格尔。在几度内心挣扎后,她慢慢体认到神是要她去"服务人群"。1853年,当她去参观一家贫民女性医院时,她终于又听到神的召唤,明确告诉她"当一个护士"就是上帝派遣她去做的神圣工作,于是她不顾父母的强烈反对,洗尽铅华,认真当起护士来。

翌年,克里米亚战争爆发,她再度听到神的召唤,于是带着三十八名护士到战地医院去照顾伤患。不眠不休的付出让她赢得了"提灯女神"的美誉,也让她找到了生命的意义,生活得到了满足。

就像古罗马剧作家塞内加所说:"上帝就在你身边,与你同行,在你心中。"所谓"神的召唤",其实就是自己"良知的声音"。我们内在的"良知"希望我们能做一个更好的人,过更有意义的生活。它的声音虽然微弱,但除非你听从了它,否则它的呼唤是不会停止的。

走在偏僻而美丽的土地上

成功的秘诀是：知识、汗水、灵感与机遇。

——袁隆平（中国杂交水稻之父）

在对日抗战的动荡年代，有一个少年随父母东迁西徙，从小学到高中毕业，就在武汉、重庆等地读过八所学校。也许是由于流动性大，所以和城市小孩相较之下，他显得比较"野"，特别喜欢游山玩水。

小时候他印象最深刻的一件事，是六岁左右，老师带他们去参观武汉郊区的一个私人园艺场。园里漂亮的花花草草和一串串鲜艳的果实让他印象非常深刻，也对他产生了莫大的吸引力，他觉得这一切实在是太美了，因而产生了"将来我一定要去学农"的想法。在中学时代，他也比较喜欢生物研究之类的问题。可能就是这些经验和梦想，使得父母都是知识分子、在城市长大、就读教会学校的他，在高中毕业后，居然报考了农学院。

从西南农学院农学系毕业后，他不像多数人那样想到都会中心或学术重镇任职，在毕业分配志愿书上，他只写了两句话："到最艰苦的地方去，到祖国最需要的地方去。"结果，他从重庆走进大山里的穷乡僻壤——湘西怀化的安江农校任教。他一边教书，一边做研究，一做就是三十年。就是在这不起眼的地方，他默默研究一种"不起眼"的东西——水稻的种子，结果改变了中国，也改变了世界。

他就是人称"中国杂交水稻之父"的袁隆平。在中国，目前有一半的稻田里种的都是他培育的杂交水稻，每年收获的稻谷有60%源自他培育的杂交水稻。

在安江农校时，袁隆平经历了席卷全国的大饥荒，童年的梦想再度复活，进而把"让所有人不再挨饿"奉为终身追求的目标。要如何战胜饥饿呢？他认为主要靠科技进步，还要有一个和平的环境，通过不断研究，使农业科技水平不断提高。于是，靠着在求学与教学过程中积累的丰富农业生产知识与实践经验，他开始进行水稻的优产育种研究，历尽千辛万苦，终于培育出高产量的杂交水稻良种，不仅解决了中国人吃的问题，而且被各国农业专家誉为"全人类的福音"。

袁隆平曾说："我这个人有点痴，认准的一定要走到底。"这个"痴"指的不只是他在认定目标后坚持到底的毅力，还包括不像大多数人一窝蜂地跑到大地方去做大事，而是蹲在小地方默默地做小事、研究小东西，坚信科学才是解决人类所面临的问题的最好方法，最终取得了突出的成就。

就算倒下，起码也奋斗过

就算我倒下了，起码也要像个奋斗过的战士。

——林书豪（美职篮球员）

在美国加州，有一个华裔男孩，因为父亲是美职篮球迷，所以他五岁就开始接触篮球，而且打篮球成了全家人都喜欢的家庭运动。他每周练习三次，每次九十分钟，风雨无阻。

高一时，他入选校篮球队，一年后又入选分区年度最佳二年级生阵容，更两度荣膺最有价值球员。因为他是亚裔，而且身高只有一米六几（后来增长到一米九一），所以一直受到歧视和嘲讽。有人讥笑他："看他那细长的亚洲人眼睛，能看得见篮板吗？"这让他深感挫折。父亲安慰他，不要被别人的不当想法激怒，反击他们的最好方法就是用更好的表现来证明自己。

高中毕业后，他以在篮球场上的杰出表现想申请进入斯坦福大学,却未能如愿。他退而求其次,到接纳他的哈佛大学主修经济,并成为哈佛校队的队长,南征北讨,迭创佳绩。毕业后,他一心想打美职篮,第一志愿是洛杉矶湖人队,但湖人队对他没兴趣;再度受挫的他只好和金州勇士队签约,谁知后来被勇士队放弃;再转往休斯敦火箭队,没多久又遭遇被放弃的命运;他到纽约尼克斯队去,大部分时间依然是坐冷板凳。虽然还是在美职篮里,这里的一切却几乎已成了一场难堪的梦魇。不过,他绝不轻言放弃,基于对篮球的热爱和对梦想的坚持,他照常练习,蓄势待发。

他就是林书豪。2012年2月,由于尼克斯队好手受伤,调度窘迫,林书豪得以成为首发球员。他抓住机会,展现出爆发力,以令人目眩神迷的球技在五场首发比赛中得到136分,这是自1974年后美职篮的最佳纪录。他的表现跌破众人眼镜,在惊讶与赞叹之余,"linsanity"(林来疯)、"linpossible"(林可能)、"lincredible"(林惊奇)等美誉纷纷出笼。

就在大家对他赞不绝口时,人们才发现他以前的颠沛流离。历经落选、换队、流浪、下放种种打击,他曾暗自饮泣:"真正让我受伤的是,我连证明自己身手的机会都没有。"为了向世人证明自己,他下定决心,当机会来临时,"要拿出我所有的本事,而且必须确实打出自己的球风跟节奏,即便结果不尽如人意,我也会接受","就算我倒下了,起码也要像个奋斗过的战士"。结果他做到了,成了近年来美职篮的一个传奇。

《圣经》里有句话:"患难生忍耐,忍耐生老练,老练生盼望,盼望不至于羞耻。"在逆境中坚持不懈,在他人的嘲笑声中奋起,终至扬眉吐气,林书豪为这句话做了最佳诠释。

对观念多一点好奇

好奇心是一个活泼心灵不变而明确的特征。

——塞缪尔·约翰逊（英国文学家）

20世纪20年代，苏州女子师范学校的某个班上，有四名女同学个子都小，但表现都很出色，因为她们的座位前后左右相邻，像一个方块，班上同学就给她们取了一个绰号，叫作"四块豆腐干"。

其中一块"豆腐干"，不仅功课好，而且写得一手好文章，从阅读中，她接触到很多新生事物，特别是西方的科学发展给人类的知识和生活带来空前的革命，让她深深着迷；而在所有的伟人传记中，她最喜欢看的是《拿破仑传》，她崇拜英雄，具有强烈的成就动机。

有一天，她在和一名读中学部的同学聊天时，发现中学部比她念的师范部有更多的科学和英语课程，教材也不一样。于是，她在每晚十点钟学校晚自习结束后，借来那名中学部同学的课本，开夜车，自修数学、物理和化学。有时候，她为了一道数学难题想到半夜还不睡觉。在以最佳成绩从苏州女子师范学校毕业后，她获得保送资格，进入中央大学的数学系，决定以科学作为她未来的事业。

她叫吴健雄，后来赴美留学，成为全世界最杰出的女性实验物理学家之一，曾参与制造原子弹的"曼哈顿计划"，并率先以实验证明杨振宁、李政道获得诺贝尔奖的理论，也是美国物理学会有史以来的第一位女性会长。

吴健雄跟其他好学生不一样的地方是，多数好学生开夜车读书都是为了考试时有更好的成绩，而她是为了充实自己的知识，开拓自己的心灵视野。在到中央大学就读前，她还利用暑假时间到中国公学去选修胡适教的"有清三百年思想史"。她的答卷让胡适惊为天人，给了她一百分。但她是一个矢志献身科学的女生，她喜欢思想史纯粹是想充实自己、开阔眼界，她因此也和胡适成了忘年交。

英国文学家塞缪尔·约翰逊说："好奇心是一个活泼心灵不变而明确的特征。"但让每个人感到好奇的对象不一样，荣获两次诺贝尔奖的女科学家居里夫人曾劝勉后进："对人少一点好奇，对观念多一点好奇。"有"中国居里夫人"之称的吴健雄，显然就具有这种特质。

真正的叛逆是勇于说"不"

我宁可取热情的错误,也不要智慧的冷漠。

——法朗士(法国文学家)

有一天,浙江某所高中的壁报栏前忽然站满了学生,他们边看边窃窃私语。大家看的是壁报栏里的一篇名为《阿丽丝漫游记》的文章:

> 话说西方的阿丽丝姑娘千里迢迢来到东方一所学校的校园,当她正为东方世界的美丽发出惊叹、陶醉其中时,眼前忽然出现一条颜色鲜艳的眼镜蛇,它吐着蛇芯,喷出毒汁,边爬边威胁学生:"如果你活得不耐烦了,我叫你永远不得超生!如果……"眼镜蛇所到之处,学生纷纷走避,走不动的花草则为之变色。

学生们看了都会心微笑，暗中称快。因为大家都知道文章中所说的"眼镜蛇"，其实是在讽刺他们学校的教导主任。教导主任不只戴眼镜，"如果"更是他的口头禅。他平时对学生很凶，大家都敢怒不敢言，想不到现在居然有人挺身而出，为他们出口怨气，所以同学们无不拍手叫好。

　　消息很快传到教导主任那里，怒不可遏的他觉得写壁报的学生目无师长、大逆不道，不仅将壁报撕下，而且没几天就贴出将这名"违反校规"的学生"予以开除"的公告。幸赖该校校长觉得这是血气方刚的少年一时冲动，不忍心因此断送他的前途，为他安排转学，他才转到另一所高中继续学业。

　　这个"大逆不道"的高中生名叫查良镛，也就是后来写出《射雕英雄传》《笑傲江湖》等武侠名著的金庸金大侠。让他转学的是浙江省立联合高中，收留他的学校则是衢州中学，当时他还是个高一学生。

　　"目无师长"当然不对，但在叛逆心强、容易冲动的阶段，对自己看不惯的人和事出言讽刺，也是可以理解的。与其铁腕严惩，不如为这股"气"寻找正面宣泄的管道。金庸的被转学，用武侠术语来说就是"被逐出师门"，而他笔下的英雄人物像杨过、令狐冲等，也都"被逐出师门"过。也许那是金庸内心深处自我的投射，又或者是成年后的金庸想以一种更宽容、更有建设性的态度来替"被逐出师门"者说话。

　　其实，真正的叛逆者绝非逞一时之勇，而是勇于说"不"的人——对不公不义的人与事说"不"。

在叛逆中成长的英雄

你可以自由,可以调皮,但要遵守有形或无形的规则。

——杨利伟(中国航天员)

有一个人,从小就表现出英雄气概,上幼儿园大班时,放学回家会自动当小班同学的领队,保护他们免受别人欺负。上小学时,经常玩打仗游戏,有一次在"枪林弹雨"中,把一个同学的脑袋砸破了,缝了三针,他存在老师那儿的零用钱全都变成了对方的医药费。

虽然有点野,但他读书很用功,所以成绩堪称优秀。到了十三四岁时,他开始显露出青春期的叛逆性,成绩也跟着起伏不定。有一天上课时,他手里拿着一支笔转来转去,老师看到,就把笔没收了。他很不高兴,觉得自己既没说话又没影响别人,"干吗没收我的笔?"。于是又拿起另一支笔继续转啊转,结果又被老师没收了。他非常生气,心想:"我为什么不能自个儿玩笔?"于是又从铅笔盒里摸出一支笔,想跟老师"抗争"到底。如此这般,那一节课他接连被老师没收了四支笔。老师火冒三丈,而他也是一肚子气。

不久,老师亲自登门做家访。老师拿出自己没收的四支笔,向他同为老师的母亲告状:"我没收一支,他就又拿出一支,这孩子是不是故意气我呢?"父母连忙为"疏于管教"向老师赔不是。结果,老师走后,他就挨了父亲的一顿打。但这也是他最后一次挨父亲的打,因为这次经历让他学到了很多,也改变了很多。

他就是日后第一个登上太空的中国人——杨利伟。自太空归来,成为令众人欢呼的英雄人物后,他在自传性质的《天地九重》一书里,特别提到上述的"转笔事件"。让他印象最深刻的不是挨打,而是挨打后父母对他的教导:"你可以自由,可以调皮,但要遵守有形或无形的规则。在一定的限度内,老师、家长或者社会可以容忍,超过了这个限度,你就要付出代价。这个代价可能是大家对你的失望,而你必须独自承担所有后果,接受应有的惩罚。"

家有家训、校有校规、国有国法,遵守这些训诫和规范不只是维系人际和谐和社会秩序所必需,更是做一个有品格、负责任、有尊严的现代公民的基本素养。做人如此,工作如此,登上太空更是如此。从太空船的制造、运转到操作,没有一项不需要严格的规范,杨利伟能顺利执行与完成任务,显然跟他在青少年时代从教训中得到的体悟不无关系。

法国哲学家薇依说:"一个人想成为英雄,就必须先对自己下命令。"你要给自己下的第一道命令是:不管做人做事,都欣然接受并遵守必要的规范和纪律。

坚忍的真谛

胜利属于最坚忍者。

——拿破仑（法国皇帝）

在法国的一所士官幼校里，每个年级的学生都被编为数个中队，只有表现优异的学生才会被校方指派为中队长。有一年，校方公布的一名中队长让同学们感到不满，大家认为他出身低微，个性孤僻而又高傲，一言不合就想动拳头，总之，是个没有人缘、让人讨厌的家伙，没有人愿意接受他的指挥。

在学生的集体压力下，校方觉得不受同学尊敬的人不适合当中队长，于是撤销了他的资格。但同学们还不放过他，团团围住他，大声念出撤销其资格的决议文："某某某不敬爱同学、不肯合作、行为孤僻，不适合当我们的中队长。因此，现在以学校军事会议的名义，取消某某某中队长的资格。"

一向脾气暴躁的他却紧闭嘴唇，不发一语。有同学挑衅地说："把他的肩章撕下来！"另一名同学立刻上前扯下他的肩章，这对军人是莫大的侮辱，他依然像一尊石像般动也不动。想要没事找事的同学原本想在他忍不住出手反抗时立刻还以颜色，好好教训他一顿，想不到他竟然变得如此镇静、如此谦卑。在自讨没趣后，有人对自己的过分行为感到惭愧，也慢慢对他产生了好感和敬意。

这个被当众侮辱的士官幼校生名叫拿破仑·波拿巴。因为他是科西嘉人，一直被本土的法国人瞧不起，而他对法国本土人士也怀有敌意，所以在刚进入布里埃纳士官幼校时，和同学们处得相当不愉快。"中队长事件"可以说是一个转折点，原本好逞一时之勇的他学会了忍耐，这不仅化解了同学们对他的反感，而且赢得了他们的友谊和尊敬。

后来，他叱咤风云，被法国人奉为民族英雄，他的丰功伟业并不是靠单纯的武力建立起来的。他说："这个世界上只有两种力量——剑与精神，但长远来看，剑终将被精神所打败。"这个"精神"是什么呢？显然就在他所说的另一句话里："胜利属于最坚忍者。"

坚忍是一种精神的力量，它指的不只是毅力，还包括忍耐。这个"忍耐"不只是耐得住寂寞、枯燥、不确定性，更包括耐得住别人的怀疑、指责、奚落和挑衅。只有学会忍耐的人，才不会因一时的冲动而破坏更长远的目标。

缺少谦虚就是缺少见识

挡在我和伟大事物之间的东西就是我。

——伍迪·艾伦（美国演员）

在美国，有一个好胜心强的少年，他不仅爱读书，出口成章，而且爱与人争辩，能以口才和学识压倒对手，成了他平淡生活中的一大乐事。

有一次，他和一个朋友为了某个问题争辩得面红耳赤，在未分胜负的情况下就分手了。回家后，他意犹未尽，又将自己的新论点洋洋洒洒地写成一封信寄给对方，而对方也回信反驳。你来我往各写了三四封信，辩得不亦乐乎。但好辩的脾气慢慢变成一种坏习惯，他发现原本愉快的交谈经常变得剑拔弩张，一些朋友因此和他反目成仇。

有一天，他读到色诺芬的《苏格拉底回忆录》，书中举了很多苏格拉底辩论方法的实例，他认真研读，才晓得自己过去是多么自大、浅薄、粗暴、固执而又无知。只有所知不多、阅历有限的人才会以为自己知道得很多，而且对自己的"正确性"从不怀疑。

于是，后来在和他人辩论或沟通时，他避免再用"必然的""无疑的"这类固执而肯定的用语，而改用"我以为""依我看来它似乎是""我想它是这样，如果我没弄错的话"这类谦虚、不绝对的用语，结果发现这种不想压倒对方、不坚持己见的态度不仅更能让对方信服，而且交到了更多的朋友。

他就是本杰明·富兰克林，后来不仅成为美国知名的政治家、科学家，也是杰出的作家和外交家，真可谓多才多艺，人中龙凤。他的成功，特别是在政治和外交领域里的表现，除了个人才华，更重要的是他不固执己见，总是以谦虚的态度表达自己的意见，同时尊重和乐于听取别人的意见。

像富兰克林这样才华出众的人，在青少年时代会心高气傲、睥睨一切、炫耀所学，其实非常可以理解。也许因为他又多读了一些书，知道山外有山、天外有天，及早认识到自己的少不更事，开始以谦卑的态度来待人处世、追求知识，所以有了比其他同龄人更灿烂的前程。

只有所知不多的人，才会认为自己无所不知，而且觉得自己知道的那点东西很重要、很精确，逢人就说个不停。"缺少谦虚就是缺少见识。"十六岁的富兰克林如是说。

什么是真正的"美"?

炫耀外貌,是缺乏内在价值的替代品。

——伊索(古希腊寓言家)

有一个意大利女孩,出身于贫苦家庭,在第二次世界大战中长大,小时候经常向美军要糖吃。十四岁时,她参加那不勒斯的选美大赛,虽然进入决赛,但并未胜出。后来,她参加了演员训练班。十六岁时,她决定到罗马闯天下,想要当个演员。

在第一次试镜时,摄影师就对她的长相和体态有意见,说她的嘴唇太厚太阔,鼻子太过突出,胸部虽然吸引人,但臀部长得有点怪。摄影师建议,她如果真的想当演员,最好先去做鼻子和臀部的整形。

但她说:"我不打算换鼻子,如果摄影师不喜欢灯光打在我脸上的效果,那应该改变的是他们打灯光的方式。我喜欢我的鼻子,它必须保持原状；至于我的臀部，那也是我的一部分，我只想保持我现在的样子。虽然我不漂亮，但我觉得我很有特色。"她对整形的要求坚决说"不"。

也许就是这种坚持做自己的特色，使导演卡罗·庞蒂对她另眼相看，不仅给了她演出的机会，而且让她在电影里充分展现她与众不同的特质。

她就是索菲亚·罗兰，后来成为荣获奥斯卡最佳女主角和终身成就奖的国际巨星。1999年，她还被美国电影学会选为百年来最伟大的女演员之一，亦被评为20世纪最美丽的女性之一。2006年，七十一岁高龄的她，更在英国线上调查网站"世界上最具自然美的人"的评选中，力克一众俊男美女，获得第一名。

索菲亚·罗兰也许不是最美丽的女人，但的确是最具自然美的。就像当初她希望摄影师"改变打灯光的方式"一样，坚持自己本色的她也改变了世人对"美丽"的定义或看法。她的鼻子和臀部如今看起来也都很"美"，散发着令人难以言说的"异样魅力"。这种魅力、这种改变，都来自她独特的气质和精湛的演技。换句话说，是她自己努力的成果，而不是花钱请整形医师用人工方法制造出来的。

就像她自己所说："美不是具体的事物，而是内心的感觉，反映在你的眼睛里。"心灵之美比肉体之美更持久，而且完全操之在我，这正是索菲亚·罗兰给我们的最美丽的赠言。

凡事全力以赴

这一刻尽力而为,下一刻就会将你带往最佳的位置。

——丘吉尔(英国首相)

在纽约南布朗克斯,一个刚上高中的男生拿着母亲给他的信,要到邮局去寄信。走到街口的一家玩具店门前,白头发的老板勾着指头召唤他,问他想不想赚点钱,然后带他到店后面的仓库,要他将卡车上的圣诞节商品卸下来。不久,老板过来看他的进度,惊讶地说:"你真是个天生的工人,明天还来不来?"

从那天起,他就成了这家玩具店的临时工,利用空闲的时间赚"劳力钱"。有一年暑假,为了天天有工作,他改到百事可乐的一家装瓶厂当清洁工。报到时,有人交给他一个拖把,要他把人车进出的地板擦干净。这个工作相当吃力,但因为一个星期可以赚六十五元,他还是很乐意去做。有一次,堆高机一不小心掉下三百五十箱百事可乐，黏糊糊的可乐泡沫在地板上到处流淌，但他还是把地板清理得干干净净，闪闪发亮。

暑期结束时，领班夸奖他"真会拖地，把地拖得真干净"，要他"明年再来吧！"，他也高兴地答应了，但希望能"不要再拖地板"。第二年暑假，他果真又来报到，而且进了装瓶厂，最后还当上副领班，学到了很多在学校课堂上学不到的宝贵经验。

他名叫科林·鲍威尔，当年念的是"只要你想来，就会让你进来"的莫瑞斯高中；大学读的是纽约市立学院的机械系，但读了一学期就读不下去了，只好转到地质系；大二时，他选了预备军官训练班的课程，结果如鱼得水，不仅充分发挥出自己的潜能，而且很快就成为领袖人物。大学毕业服兵役时，因为表现杰出，他更认定自己是"天生的军人"，于是毅然投身军旅。在军中，他一路攀升，出任美国三军参谋长联席会议主席；退役后，出任克林顿政府的国务卿。

鲍威尔还在军中时，在对部属进行鼓舞士气的讲话时，经常提到他青少年时代当工人的经验，然后以过来人的身份告诉年轻人："任何工作都代表一种荣誉，只要你尽心尽力去做，总会有人注意到的。"他说，即使一时没有人注意到，只要养成"凡事全力以赴"的习惯，那么迟早有一天，你也能靠这个出人头地，引人注目。

鲍威尔说自己是个"天生的工人"或"天生的军人"，多少有自我调侃的意味。其实，不管是工人、军人、诗人或商人，只要认真去做，每一个召唤、每一项工作都是伟大的。

大只鸡慢啼

乌龟缓慢而稳定,赢得赛跑。

——伊索(古希腊寓言家)

在台湾南部,有一个男生从小就长得比别人高大,又喜欢运动,所以读小学时就成了篮球校队队员,当时他心目中的偶像是美职篮巨星迈克尔·乔丹。学校教练问他想不想打棒球,他觉得"尝试一下也不错",于是又加入了棒球队。

初中时,他念的是体育班,已将重心转移到棒球,并接受投手的训练。他每天在学校和棒球场间来来去去,除了练球还是练球。从初一到初三,他的身高从165厘米长到185厘米,却瘦得像根竹竿,这影响到他投球的威力。当时是台湾青少年棒球的鼎盛时期,优秀的投手如云,他并没有受到特别的注意。

很多运动员都好动而毛躁,他却沉默寡言,而且有一颗平静的心。默默无闻的他大多数时候都默默地练球，默默期待有一天能像他的新偶像——多伦多蓝鸟队的克莱门斯一样，成为投出强力好球、威震八方的投手。

虽然他还未崭露头角，却志在千里，而且心怀感恩。在初中的毕业纪念册上，他写道：张教练，将来我们会加入职业棒球N年，您将是我们的总教练！

他叫王建民。在从台南建兴初中毕业后，北上继续读书。这时，他长壮了，球技也获得突破，成为台湾青棒代表队的投手，但还未如郭泓志那般受期待。直到念台北体育学院时，才被美国扬基队的球探相中，成为扬名大联盟的王牌投手。

就发展的轨迹来说，王建民是属于"大器晚成"型的。他能够"晚成"有两个原因：一是他有一颗安静而平稳的心，不躁动冒进，耐得住寂寞，一边苦练，一边等待最佳时机的来临；一是他遇到了好的老师和教练，他初中的棒球教练张锡杰怕影响青少年发育，不鼓励他猛投变化球，以免伤到手臂，正所谓"留得青山在，不怕没柴烧"，在少棒和青少棒时的默默无闻，使他"逃过一劫"。

伊索在说了龟兔赛跑的寓言后，说："缓慢而稳定，赢得赛跑。"所谓"欲速则不达"，在这个过度强调速度的年代里，我们更需要以宁静的心去"慢工出细活"。

舞出不一样的自己

我的确是个国王,因为我知道如何统治自己。

——阿雷蒂诺(意大利剧作家)

在台湾宜兰有个女孩,从小就对读书没什么兴趣。念初一时,有一次考试成绩不好,她把成绩单装在信封里,摆在桌上,并写了几个字:"爸爸,这一次考试成绩不好,请爸爸不要生气,下次一定会很努力。"虽然她努力了,但成绩还是普普通通。

所幸她在舞蹈里找到了自己的兴趣。读小学时,她因为看人家跳舞的样子很好看而开始学习民族舞蹈。十一岁参加舞蹈比赛就得了奖,原本很紧张的她,当舞台灯光一亮,音乐响起时,忽然"觉得很安全,觉得我在扮演另外一个角色,已经不是功课很不好而一直低着头的女孩"。也许是这个原因,她在初中毕业后报考了华冈艺校舞蹈科,因为并非从小就接受正规训练,芭蕾只考了三分。

但她并不气馁，而是加倍努力来弥补自己的先天不足。她住在学校附近的修道院里，每天除了上课，就是练舞，没有其他任何娱乐。皇天不负苦心人，毕业时，她被保送到艺术学院。在艺术学院，她的现代舞老师罗斯·帕克斯看出她的潜力，对她鼓励有加，使一向有点自卑的她燃起了想要成为职业舞者，在世界舞台上争得一席之地的壮志。她每天早上六点就到学校，进入教室，重复练习昨天老师教过的动作。

她叫许芳宜。从艺术学院毕业后，她申请到奖学金，只身赴美，进入举世闻名的葛兰姆舞蹈学校深造，然后成为云门舞集的首席舞者、葛兰姆舞团的首席舞者，现在成立了自己的"拉芳.LAFA"舞团，被《舞蹈杂志》选为全球最值得瞩目的舞蹈家，也是台湾最年轻的"文艺奖章"得主。

许芳宜的故事不只告诉我们要去做自己感兴趣的事，而且告诉我们没有"输在起跑线"这回事，即使起步较晚，只要你加倍努力，也能后来居上。她说："因为喜欢，从不觉得练舞很辛苦。如何做到修行般'自律'的精神，让人感受良深。"很多人的努力都只有"三分钟热度"，如何即时起床，风雨无阻地去练习，十年如一日地坚持，则需要相当的"自律"——自我管理和自我鞭策。

意大利剧作家阿雷蒂诺说："我的确是个国王，因为我知道如何统治自己。"只有用自律去锤炼，你的才华和兴趣才能产生美好的结晶。

培养自信的秘诀

自信是自觉而非自傲。用毅力、勇气,从成功里获得自信,从失败里增加自觉。

——李开复(创新工场董事长兼首席执行官)

1972年,一个少年随哥哥从中国台湾省前往美国田纳西州,到一所天主教学校读初中,成了小留学生。全校只有他一副东方面孔,原本忐忑不安的他发现老师和同学都对他面露笑容,伸出双手,热情欢迎他。

上学没多久,他就发现新学校的教育很不一样。在台湾省,老师通常是用威胁(你会前途黯淡、让父母失望)以及处罚(鞭打、罚跪、罚写)的方式来要求学生更认真地学习,表现得更好;在新学校,老师经常用鼓励、赞美的方式让学生发现自己的长处,产生自信心,激发他们的学习热情。

有一天,数学老师在黑板上写下"1/7",问学生谁能够换算出来。老师话一说完,他立刻举手,用不太流利的英文答出"0.142857"。老师立刻当众赞美他:"哎呀,真是数学天才!"其实,这些数字他早就背过,但被老师夸赞,他就觉得"自己也许真的是数学天才"。

从此之后,他就对数学产生了浓厚的兴趣,更加努力地学习,还代表学校去参加比赛,得到了田纳西州的州冠军,自信心因而大增,更加认定自己"的确是个数学天才"。

他就是曾经担任微软副总裁、谷歌全球副总裁和大中华区总裁,现任创新工场董事长兼首席执行官的李开复。虽然他自谦在上了哥伦比亚大学后,才发现自己"并不是什么数学天才",但在中学时代建立的自信——相信自己有能力可以把事情做好,而且更努力就会做得更好——让他终身受用无穷。

在《留学带给我的十件礼物》这篇文章(演讲)里,李开复把"自信"视为他到美国读书所得到的第一件也是最重要的礼物。如果不是当年得到美国老师的肯定和鼓励,他的学习和人生可能就会不一样。对美国或留学,我们似乎也不必过度羡慕,须知自信心的培养主要还是靠自己,师长的鼓励、赞美或肯定只是一个触媒而已,自己不努力,却陶醉在别人的赞美里,到头来只会更加失败与失望。

自信,顾名思义,不是别人给的,而是自己挣来的。爱默生说得没错:"自信是成功的第一秘诀。"培养自信的第一秘诀在于充分的准备,凡事多一分准备,就多一分自信。

狮子林里的太湖石

让光线来做设计。

——贝聿铭（华裔建筑大师）

狮子林是苏州有名的中式园林。一个十四岁的少年坐在花香小径的凉亭里，看着前方的莲花池和对面的假山，心中慢慢浮现出一种熟悉的恬静感。这里跟喧嚣、躁动、西化的上海简直是两个不同的世界，而他就好像同时活在这两个世界当中。

他就读于上海青年会中学，那是一所昂贵的西化学校，以英语教学，学生多为中国年轻菁英，他则是菁英中的菁英，经常在班上考第一名。虽然他对上海的洋化生活如鱼得水，但每隔一段时间，他就会想起狮子林这个中式园林来。狮子林是他们家族的产业，他从小就经常在那里游玩，特别疼爱他的祖父就在那里教他读书、写字，认识中国文化的精髓。从上海回到苏州狮子林，总给他一种

"回乡"的温馨感觉。

狮子林里有很多他熟悉的、造型奇特的太湖石。祖父告诉他这些如艺术精品的石头是如何"养"出来的：养石者先挑选多孔透气的火山岩，略加雕琢，显出大致的轮廓，然后放到湖里或溪中，经过一个或几个世代的侵蚀、激荡，石头粗犷的棱角不仅变得圆润，而且形成非常雅致的风格。看着错落在园林里姿态不一的太湖石，他总觉它们像一尊尊"智慧老人"，似乎想告诉他关于人生的秘密。

这个少年叫贝聿铭，他后来留学美国，专攻建筑，成为世界知名的建筑大师，巴黎卢浮宫拿破仑广场上的玻璃金字塔、波士顿的肯尼迪图书馆、香港的中国银行大厦等都是他的代表作。他晚年回到故乡，在狮子林附近建了一座苏州博物馆。

虽然贝聿铭被称为现代主义的建筑大师，但他一直自认为深受中国文化的影响。成名后，他不止一次提到少年时代看惯的太湖石，并且说："我如同石头一般被投置到湖边、溪畔或是湖心，期能与周遭的水流漩涡契合……以我童年时期受花园启发而产生的精神来进行设计。"他和他的作品就像与环境不断激荡而形成的独具风格的太湖石。

其实，我们每个人也都是这样的石头，不只需要雕琢，更需要被放到湖心或激流中，经过长时间的沉潜与激荡，使粗犷的棱角转为圆润，等有朝一日重新亮相时，方能成为一件精致的艺术品。

不要停止发问

重要的是不要停止发问,好奇心自有它存在的理由。

——爱因斯坦(诺贝尔物理学奖得主)

有一个男孩,从小就喜欢修理东西,他经常在慈善园游会里买些便宜的破旧收音机,回去拆开,找出哪里出了问题,设法将它们修好。慢慢地,很多人家里的收音机坏了也都找他修理,他因此成了远近闻名的"天才小孩"。

不只出故障的收音机,当看到保险箱时,他也会忍不住想办法将它打开。他对解决任何难题都有莫大的兴趣,而且有一股不服输的劲,到了读中学时,每天总有人会拿些几何或代数的难题来考他,而他也总是不解开谜题就不罢休。慢慢地,他发现了一个有趣的现象:对一个数学难题,他通常要花二十分钟才能得到答案;事后,经常有人又会拿同样的题目来考他,而他就能不假思索地告诉他们如何求得答案。因此，他花点时间帮第一个人解答难题，接下来却有五个人说他是超级天才。

他的名声越来越响亮，到高中毕业，几乎碰过了古往今来的所有谜题。读大学时，在舞会上，一个女生跑过来对他说："听说你很厉害，让我来考考你：有一个人要砍八段木头……"他马上回答："首先把单号的木头劈为三块。"因为他早已碰过这个题目了。接连好几次，女孩的题目只开了个头，他就说出了答案，差点把对方气死。

他就是后来在1965年获得诺贝尔物理学奖，有"科学顽童"之称的理查德·费曼。费曼在物理学领域的杰出表现固然来自他的聪明才智和努力，但他那想打开所有保险箱的好奇心与锲而不舍要解开各种谜题、难题的毅力更扮演了关键角色。

读高中时，费曼就因为他"解题天才"的卓著声誉成了学校"代数队"的队长，经常跟其他高中的代表队比赛——看谁能以最短时间正确解答临时抽出的数学难题，而这种比赛通常只有自行想出新的快速解题法的队伍才能获胜。费曼说，他在这些比赛里学会了如何快速看出题目的方向，而且能很快把答案算出来，这对他大学时的微积分学习还有日后的科学研究都有莫大的助益。

保持好奇心，喜欢为问题找答案，能让你有活泼的心灵、活泼的人生。

接纳一切经历

严厉始能激发力量。

——香奈儿（法国时尚女王）

在法国欧巴辛的高原上，气候凄寒，林木苍郁，一座中世纪的修道院已成废墟。不远处，还有一座高墙围绕、沥青屋顶的孤儿院收留无家可归的孤儿弃女，院内的老师大多是修女。

一个少女十二岁时，因母亲去世，父亲行踪不明，被祖母送进孤儿院。她在孤儿院里过着僵化、严格、单调而又枯燥的生活：一个星期上课六天，晚上全排满了家政课，学习缝被单、做衣服等针线活儿；星期天早晨做弥撒，下午若天气晴朗，会有老师带她们去远足。

整个孤儿院其实就像一座修道院，走廊与墙壁都是白亮亮的，门框则是黑漆漆的，孤儿们都穿着一洗再洗的白衣黑裙。院内没有镜子，她必须爬到家具顶端，才能找到一块可以映照出自己容颜的玻璃。

也许是营养不良，她到十五六岁时，看起来还像个十二岁的小女孩，却是"让人讨厌的小东西"，因为她老是和修女唱反调。她厌恶这样的生活和自己的命运，渴望像小鸟般挣脱牢笼，飞向海阔天空的世界。

她名叫嘉柏丽尔·香奈儿。在十七岁离开孤儿院后，她又到圣母马利亚寄宿学校读了几年书，然后到一家女用内衣店工作，逐渐崭露头角，在因缘际会中扶摇而上，最终成为主宰世界流行趋势的服装设计女王与时尚女王。

香奈儿在成名后，有很长一段时间避谈在孤儿院的生活，甚至不惜造假，说她是住在"姑妈"家。也许她是因为"爱面子"，或者认为那段人生不堪回首，宁愿埋葬它。一些评论家指出，香奈儿早期设计的服装款式简单朴素、对称完美，喜欢用黑、白、灰的颜色，这种风格让她异军突起，而它让人想起的正是修女的服饰和修道院的气氛。如果没有那段孤儿院的岁月，可能也就没有后来的香奈儿。

香奈儿到了晚年，慢慢能接受也开始怀念自己的过去，甚至说"严厉始能激发力量"。凡走过的必留下痕迹，只要你仔细品尝、好好吸收，什么样的经历都能让你受益。不管你有过什么青春岁月，你都无法否认它，也只有你才能赋予它意义。

不想等到失败再后悔

> 只有那些敢于承受重大失败的人,才能有伟大的成就。
> ——罗伯特·肯尼迪(美国参议员)

在美国加州有一个华裔女孩,父母是20世纪70年代移民过来的中国香港人。她五岁时,父母带她去看哥哥的冰上曲棍球比赛,点燃了她对滑冰的热情,从而开始学习滑冰。七岁时,她就得到了生平第一个滑冰比赛冠军。

这项佳绩使她和父母都产生了想要她在滑冰界一显身手的想法,于是她开始接受更严格的训练。学习滑冰的费用很高,对并不富裕的家庭来说是笔负担(父母靠开一家小餐馆为生),但望女成凤的父母决定放手一搏。每天早上五点,父亲就把她从熟睡中叫醒,开始晨间练习;下午放学后,又到滑冰场继续练习,每天都要练习三四个钟头。

她十岁时，父亲为她聘请了专职教练，母亲陪她在训练营区生活，让她能安心练习。遇到挫折时，父母总是用广东话说出两句中国俗语——"吃得苦中苦，方为人上人""少壮不努力，老大徒伤悲"——来安慰、勉励她。

她也不负父母的期望，十二岁摘下美国花样滑冰锦标赛青少年组冠军，十五岁取得美国花样滑冰锦标赛冠军，十六岁登上了世界花样滑冰冠军的宝座。

她就是关颖珊。在十几年中，她总共获得九次美国花样滑冰锦标赛和五次世界花样滑冰锦标赛的冠军，也获得两枚冬季奥运会的奖牌，有"冰蝴蝶"之称。2006年，她更成为美国亲善大使，走访世界各地。

关颖珊在成名后说："我从没有忘记父母为我做出的牺牲，我一直很感激。没有他们的支持，我就没有今天的成功。"除了个人的天分和努力、父母的牺牲与栽培，还有一点也很重要：她在参加2000年世界花样滑冰锦标赛时，原本排名第三，在压轴的自选曲项目，她像她父母当年栽培她一样"选择放手一搏"——在四分钟的长曲中，结合最高难度的三周跳，还大胆地连跳了两次。这样的冒险可能使她当场出糗，失败得很难看，但是她成功了——反败为胜，勇夺冠军！

她喜极而泣，说："因为我不想等到失败，才后悔自己有潜力却没发挥。"人生很少是一帆风顺的，在必要的时候，你必须勇于放手一搏。

学会推开机会之门

通往机会的每扇门上都写着"推"。

——佚名

在日本大阪的一家单车店，有一个从乡下来的十三岁少年，他已在这里当了四年学徒。有一天，某蚊帐店打电话来，说想买部单车。业务员刚好不在，老板要他先推车子过去，等业务员回来再去谈价钱。

他在路上已打定主意，想利用这个机会自己把单车推销出去，在到了蚊帐店后，就努力向老板做介绍。老板被他的热心感动，答应以九折成交。这是他生平所做的第一单生意，当他高兴万分地飞奔回来，将好消息告诉老板时，却被泼了盆冷水。"这是哪门子生意？"老板吼道："即使要优惠也不能一次就打九折，你再去议价，要打九五折回来！"

老板的话犹如晴天霹雳，他赖着不走，失望与伤心让他的眼眶泛红，泪水滴滴落下，哭着哀求能以九折成交。这一幕刚好被前来的蚊帐店伙计目睹。伙计回去转告自己的老板，老板决定就以九五折的价钱买下单车。事后，蚊帐店老板告诉他："你做人很老实热心……你认真的态度实在让我钦佩，只要我的店开着，你们的店也继续做生意，以后我一定都向你买单车。"

　　这个少年名叫松下幸之助，他十六岁时进入大阪电灯公司工作，二十四岁自行创立"松下电器"，从生产单车用的电灯起家，扩及其他电器产品，七年后就成为日本收入最高的人，进而成为跨国的大企业主，在日本被誉为"经营之神"。

　　松下幸之助因为家贫，小学四年级时就被迫辍学离家，到大阪当学徒。在功成名就后，他写了一本畅销书——《道路无限宽广》，和读者分享他的人生经验，并借此勉励与他有类似遭遇的人。在该书"写给青少年"一章里，他说他当时对能快乐上学的学生充满了羡慕，但他也很感激能有七年左右的学徒生涯。前面的那段经验让他切实学到了作为一个商人必须有的最基本的态度——抓住每一个可能的机会，主动出击，待人诚恳，对工作热心，全力以赴，认真做好每一件事。

　　有人说："通往机会的每扇门上都写着'推'。"机会不会自己开门欢迎你，当机会在向你招手时，你不只要"推"，怎么"推"和"推"的力道更加关键。

第四章

心 态 篇

> 青春,不是生命中的一段时光,而是一种心灵状态。
> ——乌曼（美国诗人）

认清真正的渴望

渴望是灵魂的脉搏。

——曼顿(英国神学家)

有一个少年喜欢看足球赛,足球健将在比赛时的勇猛表现,特别是观众给予他们的对待英雄般的欢呼,让他如痴如醉。因而,他梦想将来也能成为一名足球健将。为了让美梦成真,他加入了学校的足球队。

当他把这个目标告诉学校足球队的教练时,教练看着他孱弱的身体,说那是"痴人说梦"。但他不信邪,开始收集有关足球的各种信息,自行规划如何让梦想成真。他在深入分析后发现,自己真正渴望的并非成为足球健将,而是足球健将所获得的名声和喝彩。也就是说,他渴望成为的其实并非"足球健将",而是"明星"。

把重点转移到"明星"上面时,那就不一定要踢足球了。他这才发现那位教练说得一点也没错,他实在不是踢足球的料。想获得名声和喝彩有很多途径,而自己最擅长的是什么呢?他左思右想,觉得自己还算能言善道,如果能将这种才华用在演讲上,只要表现杰出,不是同样可以获得大家的掌声和喝彩吗?于是,他改弦易辙,不再做球星梦,转而在演讲上下功夫,结果获得了非凡的成功。

他叫戴尔·卡耐基,后来果然成为世界知名的演说家,演讲场场爆满,听众的掌声不断,他因此也得到很大的满足和快乐。他所创立的提供企业教育和个人教育的"卡耐基训练课程"如今已遍布世界各地。

没有目标的人生就像没有罗盘的航行,每个人的人生都应该有个追求的目标。目标既定,似乎就应该奋力朝目标迈进,不必再瞻前顾后。问题是,这个目标往往是来自羡慕别人或被别人所灌输,并不见得适合自己。即使是自己"心向往之",也可能不是自己真正想要的。

在社会上,每个人都需要从事某种工作,扮演某些角色。你渴望的通常不是某种工作或角色,而是它们背后的东西。譬如说想要当医生的人,他们真正渴望的并非"医生",而是想通过医生这个职业来满足救世济人、赚大钱或拥有崇高社会地位等需求。换句话说,不管你是想当足球健将、演说家、医生还是画家,它们都只是满足你内心更基本的渴望的一种工具、手段或媒介而已。

卡耐基用切身体验告诉我们,先认清自己真正渴望的是什么,再决定用什么可行的方式去实现它,才是真正的幸福之道。

为问题感到高兴

在每个问题的手中,都有一份要给你的礼物。

——理查·巴哈(美国小说家)

美国有一个高中生,除了学习学校的课业,心里想的就是如何赚外快。有一天,他发现了一座二手弹珠台,心想,如果将它租给自己知道的一家地段很好、顾客也很多的台球场,自己就可以坐收租金。于是,他用三十五美元将它买下,谁知道台球场的老板说已经有了四座弹珠台,没有空间再摆了。

他并不气馁,他认为那是台球场老板怕他的弹珠台会"分走"原来的生意,所以才找托词拒绝他。他转而去找地点好、客人多而又没有竞争关系的目标,后来他相中了台球场附近的一家理发店,向老板提出比付租金更诱人的合伙条件。在他的游说下,老板欣然同意。

合伙条件是将弹珠台放在理发店里，给等候理发的客人付费玩，收入的百分之八十归他，百分之二十给理发店老板。这家理发店的客人很多，等候时闲着无事，玩弹珠台的不少，结果，他第一个星期就有了七十美元的收入。于是，他又去买更多的二手弹珠台，以同样的合作模式去找更多的合伙人，每个月就有了二百美元的固定收入。几个月后，他又有了新的赚钱点子，而以一千二百美元的代价将这项业务转让给他人。

他叫沃伦·巴菲特，从小就很有商业头脑的他，2008 年，以六百二十亿美元的资产成为世界首富，这些资产主要来自他睿智的投资。世人虽封他为"股神"，但股票只是他的一部分投资而已，巴菲特从小就表现出非常多元化的投资与经营策略，除了"合伙投资弹珠台"，十四岁时，他还用两份送报工资存下来的一千二百美元，买下了四十英亩的土地，并把这些土地转租给佃农，从中获得不少利润。

其实，赚钱并非巴菲特的主要目的，他说："我享受过程更甚于结果。"从他投资弹珠台的过程中，我们可以看到他成功的模式。先拟出一套计划或策略，如果事与愿违，遇到挫折，那就去分析失败的原因，拟订新的策略；而在尝到成功的果实后，又去找新的目标，面对新的挑战。不只赚钱，其他目标也都是如此，最重要的是"享受动脑筋、花心血去克服困难，证明自己可以成功的过程"。

碰到问题，要感到高兴，因为它给你克服困难的机会。就像美国小说家理查·巴哈所说："在每个问题的手中，都有一份要给你的礼物。"

大自然中的孤独猎人

研究自然,热爱自然,亲近自然,它绝不会让你失望。

——赖特(美国建筑师)

美国南方有个男孩,他是父母唯一的孩子,但父母在他七岁那年离婚,此后他就由父母轮流照顾。而父母又因工作关系经常搬家,结果从读小学到高中毕业,十一年当中,他一再转学,共换了十四所公立学校。

每到一个新学校,他好不容易和同学、老师建立起一点感情,却又要离开他们,再到一个陌生的地方,进入陌生的学校,面对陌生的同学和老师。这种"游牧生活"使得原本就比较内向的他在整个青少年时代显得相当孤独,缺乏知心的朋友。

他虽然孤独,但并不寂寞。也许是为了弥补在学校找不到温暖的缺憾,他选择大自然作为他的良伴。因为父母大部分时间住在郊区，他父亲有一段时间还以船屋为家，即使搬到城里，附近也都有公园，所以每搬到一个新地方，他就自己一个人到森林里、山上、海滩、河边去探险，仔细观察那里的昆虫、鸟类、鱼类和各种花草，并和它们交谈，将它们视为自己知心的朋友。

他叫爱德华·威尔逊，从亚拉巴马大学毕业后，他又到哈佛大学深造，获得生物学博士学位。后来，他以《论人性》《蚂蚁》二书两度获得普利策奖，被公认为二十世纪最伟大的生物学家之一，也被称为"社会生物学之父"。

社会生物学是从生物学的角度来理解社会行为（包括人性）的知识，如今已成为一门重要的学科。而它就是由热爱大自然，喜欢与田野里的各种生物为伴，长期观察、研究它们的威尔逊一手创建的。

威尔逊在成名后说："我在很早以前就下定决心，将来要做一名博物学家以及科学家。关于这一点，如果一定要加以解释的话，我想原因在于我是家里唯一的孩子，又过着有点类似吉卜赛人的流浪生活。"当后来又到美国南方做田野研究时，他想起的总是青少年时代自己一个人在同样的地方搜寻各种生物的情景，仿佛重温旧梦，他心里感到无限的温暖。

每个人的成长环境和条件都不相同，不管什么环境或条件都有其利弊得失，所谓"失之东隅，收之桑榆"。就像威尔逊这样，也许你无法改变你的成长环境和条件，但你可以选择对自己有益的态度和做法。

贫穷是最丰厚的遗产

一个年轻人能够继承到的最丰厚的遗产,莫过于出身于贫穷之家。
——安德鲁·卡内基(世界钢铁大王)

美国匹兹堡有一家电报公司想找一个送电报的信差,应征者众多。老板看着一个个头矮小的十五岁少年,问:"匹兹堡市区的街道,你熟悉吗?"少年回答:"不熟,但我保证在一个星期内熟悉匹兹堡所有的街道。"

这让老板有点惊讶,因为大部分应征者为了得到工作,不熟也会装熟。少年看老板在沉吟,又认真地说:"我个子虽小,但比别人跑得快,这一点请您放心。"看起来是个老实又充满热情的小伙子,何不让他试试?于是,少年得到了让他喜出望外的、周薪二点五美元的工作。

他们家因为在苏格兰生存不下去了,才移民到美国来。为了贴补家用，他十三岁就去纺织厂当童工，在热死人的锅炉边烧火，在令人作呕的油池里浸纱管。送电报的工作不仅轻松，薪水也加倍，他决定好好珍惜这个来之不易的机会。于是，从上班的第一天起，他就充满斗志，不仅很快熟悉了匹兹堡的大街小巷、来往公司的业务和特点，而且利用送电报的空当，在电报房里认真学习收发电报的技术。下班后，他还到一家私人图书馆借书，充实自己的知识。

他十八岁时，宾州铁路公司西部分局的局长看上他高超的电报技术，聘他去当私人电报员兼秘书，这个机会成了他爬上不一样的人生的第一级阶梯。

他叫安德鲁·卡内基，在人生的阶梯上不断攀爬的结果是，后来他不仅成为享誉全世界的钢铁大王，而且是仅次于洛克菲勒的世界第二富豪。他同家人刚到美国时，可以说是三餐不继，贫无立锥之地。卡内基后来意味深长地说："一个年轻人能够继承到的最丰厚的遗产，莫过于出身于贫穷之家。"

很多人因为出身于贫穷之家，觉得自己在人生的起跑点上就落后人家一大截，因而自怨自艾、自暴自弃，甚至怪父母不好好赚钱。卡内基却认为他继承了"最丰厚的遗产"，因为贫穷使他体会到父母的辛劳，产生了改善生活、努力上进的雄心，同时珍惜每一个日子、每一个机会。就是靠着这些"遗产"，他在后来胜过众多的富家子弟。

出身于贫穷之家，到底是"负债"还是"资产"，主要根据你对它作出什么回应而定。

有心学不怕找不到老师

只要有心学习,不怕找不到老师。

——德国谚语

有一个日本男孩,小学毕业没多久,就兴冲冲地离开在静冈县的家,只身搭火车前往东京。他心中满怀梦想与期待,因为东京的一家汽车修理厂回信给他,答应收他为学徒。自从小学三年级在乡下第一次看到汽车、听到它的引擎声、闻到它的汽油味后,他就深受触动,决定日后一定要做跟汽车有关的工作,现在终于如愿以偿。

在报到上班后,他的梦想很快就破灭了,因为老板给他的工作居然是"照顾老板的幼儿"!他本以为这只是暂时的工作,谁知道过了一段时间,他还是天天在照顾小孩。他深感挫败,心想,也许是老板看到他年纪小,对汽车也一窍不通,才不让他碰汽车,而老板似乎也没有时间教他。

那怎么办呢？于是，他主动向老板借跟汽车有关的书刊来阅读。因为他不必参加修理厂的工作，照顾小孩又很轻松，空闲的时间很多。他读遍了汽车厂里的所有书刊，有的还一读再读，因而对汽车发展史、机械结构、油电系统、各国汽车的特色等都达到了如数家珍的地步。

在照顾小孩半年多后，有一天工厂里较忙，老板终于叫他"进场"帮忙。因为已经具备充分的知识，所以他很快钻到汽车底下，将断了钢线的汽车底盘修理好，这让老板刮目相看，之后他就开始了正式的学徒工作。

这个学徒叫本田宗一郎，二十五年后成立了"本田技研工业株式会社"，也就是现在全世界都看得到的本田汽车（Honda）的创建者。万丈高楼平地起，跨国大企业的缔造者很多都是从最基层做起的，而宗一郎的汽车学徒工作，更是从"帮老板照顾小孩"这种让人皱眉的差事开始的。

本田宗一郎在创建汽车王国后说，这个照顾小孩的"不得志"时期，是他一生中"最有价值的时期"，因为这个时期的阅读不仅奠定了他关于汽车的知识基础，而且开阔了他的眼界，让他不再甘心只做个汽车修理工人。

西方有句谚语说："只要有心学习，不怕找不到老师。"不管你在什么环境，做的是什么事，只要你有心，总能找到充实自己的方法。

不要先入为主

期待最好的，防范最糟的，随时准备遇到惊奇。

——魏特利（美国演说家）

一个从小学毕业，去参加童子军野营活动回来的男孩，原本高高兴兴的他忽然变得情绪低落，将自己关在房间里。原来，父母想要他去读一所有名的、收费甚高的私立中学，学生多为政商名流的子弟。父母可能是为他的前途着想，但他打从心里不喜欢私立学校，而且又是出自父母的安排。他想要念公立学校，所以一个人生闷气。

他姐姐认为这样和父母斗气不是办法。后来，在姐姐的劝说下，他和父母达成一个妥协方案："以一年为期，先去私立中学念一年，如果不喜欢，就立刻转到公立学校。"

结果，进入这所私立中学没多久，他就如鱼得水，不仅遇到了参加童子军野营活动时认识的朋友，而且学校经费充裕的"妈妈俱乐部"（家长会）添购了一部在当时根本没有几个人知道的电脑，还请专家来教导学生认识和操作这个新玩意儿。数理成绩一向很好的他立刻迷上了它，成天耗在电脑室里，把转学的事抛到了九霄云外。

当时的电脑体积庞大而又笨重，让他最感刺激和不可思议的是，只要通过正确的"程序语言"，就可以指挥这个庞然大物，让它乖乖地依照你的命令去办事。强烈的兴趣与动机，使他在十三岁时就写出了第一个电脑程序——和朋友玩井字游戏。

他就是比尔·盖茨，当年他就读的私立学校即西雅图有名的湖滨中学。盖茨后来创立"微软公司"的事业伙伴保罗·艾伦，就是当年湖滨中学高他两届的学长，两人因都是学校电脑室的常客而成为挚友。

让学生抢得先机的电脑教学，对盖茨与艾伦未来的人生发展显然有莫大的影响和助益。更值得我们关注的是，盖茨原先是拒绝去念湖滨中学的，如果当初他念的是他喜欢的公立学校，那日后还会有"微软公司"吗？这个问题恐怕连上帝都难以回答，我们唯一知道的是，人生是不可预期的，对各种机会、各种可能，我们都应该以开放、有弹性或有条件的态度去尝试、去做选择。

所以，对任何事情，不要一开始就先入为主地认为"我一看就讨厌"或"非要如何如何不可"，这样你才能有更宽广、更开阔的人生。

心想，行动，事成

他们能，因为他们相信他们能。

——维吉尔（古罗马诗人）

有一个女孩，出生时是个早产儿，从小体弱多病，四岁时得了一场肺炎和猩红热，又加上麻疹，差点一命呜呼。在捡回一条命后，她的左腿几近麻痹，医师判定她复原的希望渺茫，可能一辈子都必须靠拐杖走路。

但她母亲不死心，改赴五十英里[①]外的一家教学医院就医，每个星期到那里做两次复健，两年里从未间断。她母亲告诉她，虽然她现在腿上必须套着铁架来支撑，但只要她有信心、毅力、勇气和不服输的精神，就可以做任何她想做的事。

[①] 1 英里约合 1.6 千米。——编者注

在母亲的关爱和鼓励下,她在九岁时脱下了腿上的铁架,开始学习像普通人般正常行走。她不以此为满足,她说她想成为"跑得最快的女人"!十三岁时,她第一次参加赛跑,结果得了最后一名;接下来几次,也都是垫底。很多人不忍心,劝她不要再跑了,她却愈挫愈勇。中学时代,她参加过无数次赛跑,而且越跑越好,最后终于得了第一名,后来,她就一直保持着这个佳绩。

在进入田纳西州立大学后,有位田径教练对她的信念和不服输的精神印象非常深刻,认为她是可造之材,于是带她进行正规而周密的训练,想将她培养成奥运选手。

她名叫威尔玛·鲁道夫,在1960年的罗马奥运会上,为美国夺得了三枚金牌——女子一百米、女子两百米、女子四百米接力赛(她跑最后一棒),果然被当时的媒体誉为"地球上跑得最快的女人"。

威尔玛的美梦成真似乎只能用"奇迹"来形容,但这种"奇迹"是建立在她无比坚强的信念与毅力上的。在缔造辉煌的战绩后,威尔玛说:"我只希望大家记得我是个认真努力的女性。"这句话看似轻描淡写,却感人至深,而且是知易行难。每个人都知道做事要有信念、有毅力,要认真努力,缺少的就是像威尔玛这种坚持的行动。

古罗马诗人维吉尔说:"他们能,因为他们相信他们能。"虽然"心想"不一定就能"事成",但若真的想要化"不可能"为"可能",不是光把"不"字擦掉即可,而是"不要"光说不练,半途而废。

用梦想摧毁现实

现实能摧毁梦想,那为什么梦想就不能摧毁现实?

——摩尔(英国哲学家)

某个秋日午后,一个少年木匠跟着师傅完工回家,走在乡间小路上,远远看见对面走来三个也背着工具的木匠。他并不在意,想不到走近时,师傅却侧身垂手,站到路旁,满脸堆笑向他们问好。但对方的态度很倨傲,和师傅爱理不理地交谈几句,就头也不回地走了。等他们走远,师傅才拉着他往前走。

他讶异地问师父:"我们是木匠,他们也是木匠,师傅为什么要对他们这样恭敬?"师傅拉长了脸说:"小孩子不懂得规矩!我们是大器作(做大型家具的),做的是粗活;他们是小器作,做的是细活。他们能做精致小巧的东西,还会雕花。这种手艺,如果不是聪明人,一辈子也学不成。我们大器作的人,怎敢和他们平起平坐呢?"

他听了，觉得很不服气，心想："他们能学，难道我就学不成？"于是，他决心去学小器作。在学会雕花的小器作后，他并不满足，想要更上一层楼。于是，他又每夜对着油灯临摹《芥子园画谱》，想成为拿笔的画家，然后再默写《百家诗抄》，想在自己的画上题诗。

他就是齐白石。在经过青少年时代的苦学、自学后，他的画终于引起了传统文人的注意，胡沁园、王湘绮等大师和名士纷纷收他为门生，而他也一步步踏进高雅的艺术王国与上流社会，最后前往北京，成为蜚声国际、让毕加索都竖起大拇指的中国画家。

齐白石出身于湖南的贫苦农家，只读过一年书。传统的文人画家喜欢以细腻、柔婉的笔触去画山水、花鸟、隐士，齐白石却喜欢用粗犷、劲健的线条去画白菜、蜻蜓、虾蟹等动植物。这当然跟他过去农人与工人的生活经验有关，更值得注意的，也许是他那不甘心永远只做农人与工人的雄心壮志。

英国哲学家摩尔说："现实能摧毁梦想，那为什么梦想就不能摧毁现实？"十六岁的齐白石从师父身上看到了"安于做个大器作"的命运，他还年轻，他要摆脱这个命运，他要往上爬。"他们能学，难道我就学不成！"就是这种不服输的志气，使他"立志做个小器作"。一山更比一山高，在梦想不断地召唤下，他一步一个脚印地向上攀升，最后到达了他在十六岁时连做梦都想不到的境界。

胜利者的伤疤

烈火考验黄金，逆境考验强者。

——塞内加（古罗马剧作家）

"亲爱的母亲，我抱歉我来到了这个世界，不能带给你骄傲，只能带给你烦恼。但是，我无力改善我自己，我真不知道该怎么办才好……今天这个不够好的我，是由先天、后天的许多因素，加上童年的点点滴滴堆积而成。我无法将这个我拆散，重新拼凑，变成一个完美的我。因而，我充满挫败感，充满绝望，充满对你的歉意……"

一个就读于台北二女中（现为中山女中）的高一女生，因为有一次月考数学只考了二十分，老师要她拿"请家长严加督导"的通知单回家盖章。回家后，她看到妹妹因为数学没考一百分（得了九十八分）而痛哭，于是她拖到深夜才将通知单交给母亲。母亲一看，整个脸都阴暗下来，责怪她不用功："为什么你一点都不像你妹妹？"

她心中一阵绞痛，奔出屋外，伏在围墙上，疯狂地掉眼泪。自从上初中（台北一女中）后，除了语文，她的数学、理化等科目都是一团糟。因为弟弟妹妹的功课都很好，所以父母认为她成绩不好不是笨，而是自己不专心、不用功所致。但她实在无法勉强自己去读不喜欢的科目。

在孤独、痛苦和无助下，她写了上面那封信给母亲，然后找到母亲的一瓶安眠药，整瓶吞了下去。

她叫陈喆。吃药轻生后再清醒过来，已是几天后的事。幸好家人发现得早，及时送医急救，才将她从鬼门关里抢救出来。幸好她没有因为一时冲动而断送年轻的生命，否则她自己和很多读者都会因此而扼腕跺脚，因为她就是后来写出《窗外》《烟雨濛濛》《月满西楼》《还珠格格》等多部畅销言情小说的琼瑶。

琼瑶后来说，很多人看到她，"总觉得我是一个被命运之神特别眷顾的女人，拥有很多别人求之不得的东西。可是，谁能真正知道，我对'成长'付出的代价呢？"。成长有艰难的一面，特别是当自己没兴趣，再怎么学也学不会，又被父母或老师误解时，那种悲凉和痛苦的确很难熬。但再怎么痛苦，也不值得你以"付出生命"作为代价。

每一个胜利者身上都带有伤疤，每一个英雄也都有不为人知的痛。一个人只有在挣扎、学习与克服中，才能真正成长，成为英雄与胜利者。

不要落入评价的"圈套"

那些杀我不死的，都使我变得更强壮。

——尼采（德国哲学家）

圣诞节快到了，一个少年面临抉择——父亲要他在一部自行车和一把吉他之间挑一样做圣诞礼物，他挑选了吉他。父亲很高兴，不只因为当时吉他的价钱只有自行车的四分之一，更因为他发现儿子已懂得把个人兴趣置于世俗价值之上。

从小就喜欢哼哼唱唱的他，经常缠着舅舅和叔叔教他弹吉他，就此开始了他自弹自唱的快乐生活。他住在黑人与白人杂处的美国南方，除了在学校和教堂唱歌，他更喜欢听电台节目。节目有专门播放给白人听的白人音乐和专门播放给黑人听的黑人音乐，彼此泾渭分明。他则兼容并蓄，更喜欢黑人音乐，虽然他是个白人。

上高中后，喜欢唱歌的他兴冲冲地想加入学校的合唱团，合唱团要他先唱首歌来听听，资深团员在听他高歌一曲后，讽刺地说他的声音不适合参加合唱团。受到打击的他变得愤世嫉俗，在生活、打扮、音乐方面都开始反传统。当时，他家对面就是黑人的贫民窟，每天晚上，他都会听到从那里传来的发泄情绪的深沉又洪亮的歌声，这引起了他的共鸣。于是，他认真吸收其中的元素，慢慢形成了自己的风格。

这个被合唱团拒于门外的高中生叫作埃尔维斯·普雷斯利，也就是后来被昵称为"猫王"的世界摇滚乐之王，共发行过七十七张唱片和一百零一支单曲，唱片全球总发行量超过十亿张。另外，他还举办过一千多场演唱会。当年嘲笑他"不会唱歌"的那些人，大概要为自己的"狗眼看人低"羞愧得无地自容。

普雷斯利的成功有一大部分来自他是个"唱黑人音乐的白人"，而且唱得如此感人，有人因此说他对消除种族偏见所做的贡献要比很多政治人物都大。他在舞台上的"抖腿"动作也让很多观众痴迷，据说，那是他十九岁第一次公开上台演出时，太过紧张而双腿不停抖动所致（当然也包含一些掩饰性动作），想不到大受欢迎，结果以后他就如法炮制，这也成为他的"注册商标"。

在人生的旅途上，总是有一些人喜欢"断言"我们是如何如何"不堪造就""没前途"，如果你因此而失去斗志，那就正好中了他们的"圈套"。像"猫王"这样，愈挫愈奋，让那些把你看扁的人刮目相看，才是我们应该采取的行动。

缺而不陷

因为我处在与外界隔绝的状态，所以我能够彻底专注地想事情。

——爱迪生（美国发明家）

在每天穿梭于底特律和休伦港的火车上，一个十二岁的少年扛着比身体还大的贩卖箱，沿途贩卖报纸和点心。有一天早上，列车开动后，他才一手抱着报纸，一手握住铁栏杆，跟着列车跑，想爬上车厢。列车长见状，伸手捉住他的耳朵，拉他上车。就在这时，他感觉到耳朵中有什么东西破裂了，从此以后，他就变成了重听，越来越恶化，最后几乎聋了。

他越来越听不见别人在说什么，这使他在人际沟通上遇到了困难，变得比以前孤僻，不喜欢见人。他把更多时间投注在阅读和他喜欢的科学实验上（列车长允许他在货车车厢里做个简单的实验室）。后来因实验室失火，他连实验也不能做了，他很快将兴趣转移到铁路运输的重要通信系统——电报收发机上。

他发现他的重听不仅不会妨碍听电报机的声音，而且更有利，因为他听不到其他声音，所以能专心注意电报机的声音。在研究了火车站的电报机一段时间后，他就自己制造了一部经过改良的电报机。十六岁时，他获得了二级电报技师的资格，开始提着简单的行李，流浪各地，帮人家维修电报机。

他就是后来发明电灯、电影、留声机的托马斯·爱迪生。改良电报机是他踏上发明之路的第一步，而他会选择电报机，有一部分原因是他的重听。坊间传说他是因为火车里的实验室失火，被愤怒的列车长打了一个大耳光，但爱迪生自己亲口说那是列车长为了帮助他（拉他上车）才造成的。

重听是一种缺陷，爱迪生曾在日记里哀叹"再没有听过小鸟的歌声"，但他很快收起悲伤，往好的一面去想："因为我处在与外界隔绝的状态，所以我能够彻底专注地想事情。"他不必去理会有正常听觉的人所无法忍受的事情，也不必受各种噪音的干扰，而能更集中精力去思考和工作。最后，他愉快地说，丧失听觉"让我受益无穷"。

其实，每个人在某些方面都有缺损、不如人的地方，重要的是要"缺而不陷"——不要意志消沉，在心理上陷落在那些缺损里。更重要的是要认识到，凡事有弊就有利，重听、目盲等虽然都是缺陷，但若能善加利用，那么缺陷也能变成优点。

人生就要精彩地活

我的人生中只有两条路,要么赶紧去死,要么精彩地活着。
——刘伟("感动中国"的残障人士)

一个男孩子九岁时,因为一场意外失去了双臂,在短暂的痛苦和消沉后,他重新站起来,尝试用双脚代替双手,练习刷牙、洗脸、吃饭、写字……在半年辛苦的摸索和适应后,他发现正常人能做到的事,他也一样能做到。回到原来的班级后,他和同学一起学习,没有享受什么特殊待遇,照样拿到前三名的好成绩。

但他并不甘于做个"平常人"。十二岁时,他开始学游泳,进入了北京市残疾人游泳队。勤学苦练了两年后,他就在全国残疾人游泳锦标赛上获得了两金一银。他原本希望能在2008年的残奥会上夺金,却因为当年高压电击留下的后遗症与体能过度消耗,不得不放弃训练。

不向命运低头的他，在高三时又喜欢上音乐，渴望成为作曲家。老师告诉他，想作曲就要先学会弹钢琴，于是他先到一家私立的音乐学院，表明想学钢琴。但校长说："你没有手怎么弹钢琴？"他回应说："谢谢你这么歧视我，我会让你看看我是怎么做的。"想用脚弹钢琴，的确没有人能教他，因为指法和趾法相差太大了。但他不信邪，全靠自己摸索，在脚趾的皮一次又一次磨破、愈合，花了无数时间后，他不只用双脚在钢琴上弹出了优雅的乐章，甚至开启了比许多身体健全的人更美好的人生。

他就是刘伟，2010年《中国达人秀》总冠军，2011年"感动中国人物"。看着他的十根脚趾在琴键上灵活地跃动，迸发出优美的旋律，观众感受到的不只是陶醉、感动，更是惊叹，因为他们目睹了一个奇迹——居然有人能做到大家认为不可能的事，而且做得这么好！

"感动中国人物"评委会给他的颁奖词是："当命运的绳索无情地缚住双臂，当别人的目光叹息生命的悲哀，他依然固执地为梦想插上翅膀，用双脚在琴键上写下：相信自己。那变幻的旋律，正是他努力飞翔的轨迹。"《中国达人秀》的评委问他："你弹得这么好，这一切是怎么做到的？"刘伟说："我觉得我的人生中只有两条路，要么赶紧去死，要么精彩地活着，是精彩地活着这个信念支撑我走到今天。"

多数人都只在意自己所失去的，却忽略了自己所拥有的。刘伟很庆幸自己还拥有"一双完美的脚"，他用这双脚开创了比许多身体健全的人更壮丽、完美的人生，是"残而不障，缺而不陷"的最佳典范。

以喜剧之眼看待不幸

凡含泪播种的，必欢笑收割。

——圣咏诗篇

某个星期天的晚上，一个十四岁的少年满脸忧愁地在英国北方一个陌生城镇的黑暗大街上踽踽独行。他随着剧团离开伦敦到各地巡回演出已经六个星期，虽然沿途的一切看起来都很新奇，但他并不快乐。

风中传来教堂叮当的钟声，在他听来是那样悲凉，就像是他心情的一种共鸣。他在《福尔摩斯》这出戏里扮演童仆毕利，虽然观众对他的演出给予喝彩，但剧团团员对他很冷淡，他只能独来独往。今天早上，他利用空当到菜市场买了一点肉和菜，拜托住处的房东太太帮他烹煮，也算是对自己小小的慰劳。当多数像他这样年纪的人还在父母身边快乐地生活或求学时，他却必须为了糊口而四处奔波,饱尝人间冷暖。

回到寄宿的斗室,他在灯下展读哥哥的来信,哥哥向他提起住在疯人院的母亲的近况,然后责怪他"没有回信"。读到这里,他忍不住掉下泪来。他不是不想回信,而是因为他识字不多,不太会拼写;他更非不关心母亲,事实上,这趟巡回演出他一路省吃俭用,心中唯一让他感到温暖的念头就是回到伦敦后能租间房子,布置得像个"家",然后将母亲接回来同住。

他叫查理·卓别林。回到伦敦后,他果然和哥哥租了间公寓,将病况好转的母亲接回来同住。众所周知,卓别林后来成为国际知名的喜剧泰斗,但他早年的生活相当悲惨。七岁时即因父亲过世、母亲罹患精神病住院,和哥哥被送进伦敦的贫民习艺所。这样一个走过极端悲惨与困苦岁月的人,为什么在日后能带给世人无尽的欢笑?除了个人的演技,他是怎么克服自己的心理障碍的?

在电影里,那个"头戴破礼帽,脚蹬大皮鞋,手持细拐杖,迈着企鹅步"的流浪汉,既滑稽又悲伤,充满喜感又十分凄凉,非常善良又有点邪恶,似乎就是他的写照。有人说卓别林是"以喜剧的方式来呈现悲剧",更真实的情况也许是他自己所说的:"我们必须在面对无助时大笑,并借此抗衡自然的威力,不然我们就会发疯。"也就是说,他是以喜剧的方式来看待自己和人类的种种不幸。

只能以悲惨的方式来看待自己的不幸,那才是真正的"悲惨";生活就是在"刺上舔蜜",改用喜剧的方式来看待人生的荆棘,即使不能造就另一个卓别林,也能使让人生增加欢乐。

用行动擦去灵魂的锈斑

哀伤是灵魂的锈斑,只有行动才能将它擦干净,并产生光泽。

——塞缪尔·约翰逊(英国文学家)

在英国,有一个十五岁的中学生,某年暑假来到纽斯特德的一座古堡做客。古堡外面是一片森林,穿过名为"新娘小径"的林中路,可以到一户人家,那里住着一个美丽的姑娘。姑娘比少年大两岁,少年第一次见到她,就为之神魂颠倒,多愁善感的他觉得她就像是中世纪传奇里的纯真公主,而他是要来拯救她,带她远走高飞的王子。

但美丽的姑娘一点也不纯真,她已经和一个财主订婚,不过为了得到更多男士的赞美和崇拜,她并没有拒绝少年的热情。不知就里的他因此而欣喜若狂,不断在心里编织爱情的迷梦。有一天,当他又到姑娘家去时,却在楼下听到他的心上人对女仆说:"你以为我会爱上那个瘸子吗?"

这句话像一把利刃刺进他的胸膛,因为"瘸子"指的正是他!他悲从中来,立刻转身,强忍着泪水,一拐一拐地跑过森林,回到古堡,关上房门,抱头痛哭。他的心整个被撕碎了,他恨不得杀尽天下所有的人。

一夜过后,他又离开古堡,再度穿越"新娘小径",去和那个姑娘见面,好像什么事也没发生般带着笑和她交谈,但他知道,他的心中已经没有爱了。

他叫乔治·戈登·拜伦,后来成为蜚声国际的浪漫诗人,有人甚至认为他是"英国第一美男子",受到很多名媛的青睐,有的还为之痴迷不已。当然,拜伦后来被视为"美男子",靠的并不是外表。

在追求那个姑娘时,拜伦不仅跛脚,而且有点痴肥,也尚未写出让人激赏的诗作,既缺外表,又乏内才,空有热情,难怪女孩子不会爱上他。"你以为我会爱上那个瘸子吗"这句话实在太伤人,还好拜伦并没有因悲愤而向对方施加报复,反而微笑以对,因为他知道他要降伏的不是对方,而是自己——自己的痴肥与平庸。他把他的悲愤化为向上的力量,将他的苦闷转为创作的泉源,向对方和世人证明,即使跛脚,也可以成为一个让人痴迷的"美男子"。

就像约翰逊所说:"哀伤是灵魂的锈斑,只有行动才能将它擦干净,并产生光泽。"

纪念痛苦的方式

不要为古老的悲怆浪费新鲜的眼泪。

——欧里庇得斯（古希腊剧作家）

在江南的水乡泽国，有一个十三岁的少年跟随父亲四处漂泊，从大城到小镇的市集街坊，他们靠替人家画肖像、山水花鸟、屏风，刻图章、写春联为生，有时住在小客栈或寺庙里，有时则借宿于纯朴的农家。江湖卖艺的生活虽然辛苦，但也让他饱览秀丽的山川，提早品尝世态的炎凉与人情的冷暖。

后来父亲病了，全家生活的重担就落在他身上。十五岁那年的一天，他代表病重的父亲去一位亲戚家喝喜酒，母亲特地拿出一件绸衫，说是她省吃俭用精心缝制的，因为让儿子能有件体面的绸衣穿一直是她的心愿。少年听了，眼中含泪说："还是把它卖了给父亲医病吧！"母亲执意要他穿上。他不忍拂逆母亲的心意，只好穿着家里从来没有人穿过的绸衫，去赴亲戚的婚宴。

想不到，在宴席上，一个坐在他邻座的老人竟用香烟将他的绸衫烧破了一个洞！老人虽然连忙起身道歉，但他当时心中的懊恼与悔恨实非笔墨所能形容，母亲辛苦一辈子，用心血缝制的绸衫，岂是简单的道歉就可弥补？事已至此，他又能如何？他要如何向母亲交代？他心中一片昏茫。在回家的途中，他隐隐有了一个决定。

这个少年叫徐寿康，也就是后来蜚声国际的知名画家徐悲鸿。父亲为他取名"寿康"，原希望他长寿健康；在父亲去世后，他改名为"悲鸿"，大概是有感于自己身世的悲凉，提醒自己要勇敢挺进，振翼翱翔。皇天不负苦心人，徐悲鸿后来不仅出人头地，而且留名青史。

徐悲鸿在成名后，喜欢在画作上署名"神州少年"，并盖上"江南贫侠"的印章，显然是为了纪念少年时代随父亲在江湖卖艺的那段生活。另外，他也终身不穿绸衫、不抽烟，而且厌恶别人在他面前抽烟，显然也是来自那次"婚宴意外事件"。在母亲死后，这些成了他纪念母亲的一种仪式。

古罗马剧作家塞内加说："那些难以忍受的，将甜蜜地被忆起。"人生就是在创造回忆，所谓"忆苦思甜"，当过去是"苦多甜少"时，只有让自己越变越好，才能将痛苦的过去变成甜蜜的回忆。

苦难是磨炼心志的良机

平稳的海洋造就不出能干的水手。

——非洲谚语

在瑞士日内瓦,有一个少年因父母双亡,在十二岁时被舅父送到一位牧师家中打杂兼学习。生活原本相当平静,有一天,牧师女儿的梳子断了,牧师全家人都怀疑是他弄断的而责问他,他坚决否认(因为他根本没做),结果被闻讯而来的舅父毒打一顿。他的心、心目中的人与世界整个都崩溃了,他激动地不停颤抖,为自己的被误解与所受的不义对待感到愤怒、悲痛和绝望。

此后他就变得阴郁了,学会了隐瞒和撒谎,做坏事也不再感到羞愧。后来,他又先后被送到一个公证人和一个雕刻师那里当学徒,蛮横的师傅对待他有如奴隶。他的心灵受到腐蚀,开始偷窃,并对被抓到后的毒打满不在乎。他把惩罚视为抵销罪行的方式,认为自己既然被打，那就有再度偷窃的权利。

在这样的处境中，读书成了他唯一的慰藉。他用自己挣得的一点零用钱到租书店租书来看，神游于书中所描绘的理想或梦幻世界里。这不仅让他暂时忘记残酷的现实世界，从此成为一个爱好孤独与沉思的人，而且唤起他内心更高尚的情操，在自我要求下，他慢慢戒掉了让他觉得不光彩的种种恶习。

他就是后来写出《社会契约论》《爱弥儿》《忏悔录》等名著，对法国大革命和当代教育产生深远影响的浪漫主义者与自然哲学家——让-雅克·卢梭。

卢梭后来根据自己的经验说："儿童第一步走向邪恶，大抵是他善良的本性被人引入歧途的缘故。"引入歧途的不只是他人的诱惑，还有成人的不义对待与不当惩罚。在少年时代生活坎坷、遇人不淑的他也曾设想：如果当初遇到的都是好师傅、对他体贴的大人，又会如何？那他很可能终身是个普普通通的雕刻师，而不会因对环境与自己人生不满，一再地反抗与突破，终至成为影响整个欧洲乃至全人类的巨人。

孟子说："天将降大任于是人也，必先苦其心志，劳其筋骨，饿其体肤，空乏其身，行拂乱其所为，所以动心忍性，曾益其所不能。"在成长过程中，我们会遇见什么环境和际遇通常不是自己能选择的，但我们可以选择孟子的观点：对强者来说，恶劣的环境、坎坷的际遇正是磨炼其心志的最好时机。

从绝望中寻找希望

从绝望中寻找希望,人生终将辉煌!

——俞敏洪(新东方教育科技集团创始人、董事长)

1978年,当高考恢复且成为全国统考时,一个来自农村的孩子满怀希望去应试,却落榜了。因为认为读大学能为自己开创更美好的前途,在渴望改变命运的强烈企图心下,他进了补习班补习,准备重考。

在补习班,他遇到一位好老师,这位老师不仅教他英语,而且点燃了他的希望和热情。他每天认真学习,读累了抬起头来,望向东边,那里有他梦想的学府——常熟师范。有一天,老师请了一名考上北大的女学姐回来现身说法,她在向大家介绍完北大、分享了准备高考的心得后,还讲了一个发人深省的故事:

有一个生活平庸又对自己没信心的年轻人,去向一位禅师请教命运的问题,他想知道自己是否命中注定一生穷困。禅师并未直接回答,而是要年轻人伸出左手,向禅师说明他手掌上能预示未来的爱情线、事业线和生命线,然后要他将手握紧,再问他:"那三条线在哪里?"年轻人说:"在我手里啊!"禅师又问:"那命运呢?"年轻人当下恍然大悟:命运原来是掌握在自己的手里,不管别人怎么说,能决定你命运的其实就是你自己!

他听后,但觉心潮汹涌澎湃,仿佛已经看到了自己未来的命运,原本远在天边的北大,已牢牢地印在他的脑海里。

他叫俞敏洪。1979年他重新参加高考,还是名落孙山;1980年再接再厉,竟真的考上了北大西语系。他的人生并没有因此就一帆风顺、飞黄腾达。毕业后,他原本想跟其他同学一样出国留学,却不能如愿,只好留在北大教书。在沉寂与思考多年后,他毅然离开北大,创立"新东方学校",依照自己的理念从事民办的英语培训工作。经过几年的努力经营,新东方大放异彩,从中国到国外的留学生有70%都出自其门下,而他也得到了"留学教父"的称号。

曾经高考落第而参加补习的俞敏洪,深知一个受挫学生的心理和需要,他们不仅需要在考试中获得高分的学习方法和技巧,更需要有人开导、激励他们,使他们具备更远大的眼光和抱负、勇往直前的勇气和奋发向上的毅力。这是"新东方学校"吸引人和成功的地方,也是俞敏洪对当年经验的活用与分享。

俞敏洪所标榜的"新东方精神"——"从绝望中寻找希望,人生终将辉煌!",正是所有遭遇过挫折的人用来重燃生命热情的火苗。

孤独不等于寂寞

没有伟大的孤独，就不可能完成严肃的工作。

——毕加索（西班牙画家）

在晦暗的冬日清晨，一个中学生提着一盏纸灯笼，从一家药房走出来，徒步到国王中学去上学。国王中学离他家有七千米，所以他在学校附近的一家药房楼上租了房。纸灯笼是他自己做的，虽然天色不会暗得看不到路，但提着自制的灯笼去上学，他心里感到很温暖。

十三岁时，他刚进国王中学不久，一位也是清教徒修士的老师安捷尔引导他到圣伍尔弗拉姆教会图书室去充实自己。他在一堆宗教书籍中发现了一本很特别的书——《自然与工艺的神秘》，书中介绍了很多奇妙的机械和器具，以及它们的制法和详细说明。这本书像一扇窗，为他闭塞的心灵开启了一个迷人而广阔的科学天地。他深深为之着迷，于是花了两个半便士买了一个笔记本，将书中的重要内容都抄录下来。

只是阅读无法满足他，他进一步根据书中的解说，自行制造可以实际操作的器械，譬如风车、日晷等，纸灯笼就是这类作品之一。他在学校的成绩普普通通（头几年还不太好），也没有太多朋友，他本想借这些阅读与制造和同学分享"智性的喜悦"，但只喜欢"无聊"活动的同学似乎不领情，他只好像个独行侠般在图书馆和斗室里孤独地做着自己喜欢做的事。

他叫艾萨克·牛顿。从国王中学毕业后，他到剑桥大学主修数学和物理，在校并没有什么出色表现。在因霍乱流行，大学关闭，回故乡避难后，他却大放异彩，陆续发现万有引力定律、运动三大定律，并为光学及微积分奠定了基础，被认为是有史以来最伟大的科学家。

牛顿后来在回顾他的人生时说："我不知道我能呈现给世界什么，但就我个人而言，我感觉自己像在海边游玩的一个小孩，广大而未被发现的真理海洋就在我面前，我不过是时而找些比较平滑的石子或漂亮的贝壳自娱而已。"

也许，站在真理海洋边的是"一个"小孩，而不是"很多"小孩，有些工作注定是孤独的，只能靠一人之力去完成。就像华兹华斯所说："牛顿是科学界的哥伦布，孤独地航行于陌生的海洋中。"这并不表示像牛顿这样的人是寂寞的，在无人打扰的情况下，他们能更专心、更自在，能得到更大的"自我娱乐"效果与满足。

玩好手中的牌

人生重要的不是拿到一手好牌,而是玩好你手中的牌。

——毕林斯(美国作家)

有一个男孩,从小就因为父母的离离合合,必须经常收拾行李,从一个地方搬到另一个地方,但他从不犹豫或感伤,而是充满期待。因为每一个新地方总是有许多新事物等待他去发掘,每个学校都不同:教室不同、桌椅不同、黑板不同、老师不同、同学不同。真是好极了!

每到一个新环境,他总是表现出一副活泼、满不在乎、讨人喜欢的模样,可能是为了引起注意和关怀,或是为了自我防卫,掩饰不安全感,在教室里以诙谐的表演让同学笑得东倒西歪成了他最大的乐趣。

十三岁时,他去看库布里克的《2001太空漫游》,结果流连忘返，前后共看了十二遍；后来，他又在电视屏幕前直直盯着黑泽明的《七武士》三个半小时，完全沉迷于其中。这些史诗般的电影为他呈现了艺术的神奇世界，让他心向往之。

念高中时，他参加了好几个社团，是个虔诚而热心的基督徒，经常引用《圣经》的话。在表演社团里，戏剧老师方斯沃思和同学吉克森则启发了他对演戏的兴趣。高中毕业，他每科的成绩都是C，但他也不想靠这些成绩吃饭。

他叫汤姆·汉克斯，后来两度当选奥斯卡影帝，成了实力派巨星，主演过《阿甘正传》《西雅图未眠夜》《费城故事》《拯救大兵瑞恩》等脍炙人口的电影。当他以《费城故事》这部讨论艾滋病的影片获得奥斯卡金像奖时，在致谢词中以扣人心弦的口吻感谢他高中戏剧社的老师方斯沃思和同学吉克森对他的影响。

汉克斯在成为一名正式的演员之前，早已是个"演员"。父母的一再离婚与再婚，还经常搬家与换学校，对成长中的青少年会有什么影响？那恐怕要先看青少年个人对这些不是他能掌控的因素采取什么样的态度。汉克斯积极地拥抱它们（自怨自艾又何用？），从中汲取养分，逐渐使让自己成为一个优秀的演员。

尼赫鲁说："人生像一场牌局，你拿到什么牌是命定论，你怎么玩它则是自由意志。"不管你的人生拿到什么牌，以积极、轻松的心情好好玩它，就是成功。

第五章

情 | 感 | 篇

每个人的青春都是一场梦，一种化学的疯狂。
——菲茨杰拉德（美国小说家）

爱在青春困顿时

我说爱,世界便群鸽起舞。

——聂鲁达(智利诗人)

在英国,一个十七岁的青年应朋友的邀约到一位银行经理的家中做客。第一次上门,他立刻被银行经理的女儿玛莉亚的风采所吸引。为了亲近佳人,他后来就经常去串门,而玛莉亚对他似乎也有爱意,这让他更加神魂颠倒。

高贵的玛莉亚让他自惭形秽,因为他当时只是法院里一名卑微的速记员。为了"配得上她",或在他伟大的梦想中希望将来能给她一个"安乐窝",他决定改变自己低下的社会地位,赋予自己一个新的人生目标。于是,他以无比的热情到图书馆勤奋阅读,并在报社谋得一份记者的工作。

每当他在凌晨两三点离开报社时,总是会绕个弯到隆巴德街,看着其中睡着玛莉亚的那栋房子,心中涌现各种遐想。他写了好几封信给玛莉亚的母亲,想向她女儿求婚,其中有一封说:"假如有朝一日我摆脱了默默无闻的境遇而名扬天下,那么这一切全是为了她;假如有朝一日我能攒聚黄金万两,那也只不过是为了把它们奉献在她脚下。"但所有的信都被他撕掉了,他一封也不敢寄出。

这个痴情的青年叫查尔斯·狄更斯。后来,他终于鼓足勇气向玛莉亚倾诉衷肠,得到的却是"当头一棒",也就是"我本有心向明月,谁知明月照沟渠"。在一番痛苦的挣扎后,他埋葬了自己的悲伤,把心思专注于记者的工作中,开始在报纸上发表随笔,进而发表小说,他陆续完成的《大卫·科波菲尔》《双城记》等都成了不朽杰作。虽然没有赢得玛莉亚的芳心,他却"收之桑榆",因为爱情的激励而出人头地、名扬天下。

狄更斯成名后,玛莉亚又和他联络上了。虽然时过境迁,两人已无法重燃爱情的火苗,但狄更斯仍充满怀念地在信中告诉她:"在我一生中最天真、最热情、最无私的岁月里,你一直是我的太阳……我一直确信不疑地认为,当年我在为改变自己的贫穷和默默无闻的处境而奋斗的时候,有一个想法一直给我力量,那就是我对你的爱和思念。"

青春期的恋情并不见得会有结果,但它最唯美、最让人怀念的部分,就像智利诗人聂鲁达的诗:"我说爱,世界便群鸽起舞。"我们要把爱化为一种奋发向上的力量。

点燃生命的热情

只有热情,伟大的热情,能将灵魂高举到伟大的事物上。

——狄德罗(法国文学家)

1911年4月,一个就读于杭州府中的十四岁少年,从报上得知由黄兴领导的起义行动失败、黄花岗七十二烈士壮烈牺牲后,悲愤交集,在日记中写道:"不禁为我义气之同胞哭,为全国同胞悲痛。"

5月19日,他和同学到西湖游玩,凭吊岳飞墓,回来后在日记里默写岳飞的《满江红》。5月21日,他又在日记里自填《滚绣球》词一首:"……小丑亡,大汉昌,天生老子来主张,双手扭转南北极,两脚踏破东西洋,白铁有灵剑比光,杀尽胡儿复祖邦,一杯酒,洒大荒。"

5月28日,美国人爱狄在杭州的协和讲堂演讲。他去听讲后,受到很大的刺激,回来后又在日记里有感而发:"一时可惊、可警、可耻、可憎之心齐起于脑中。可惊者，听说中国之弱点，一至于此；可警者，闻其奴隶瓜分之说，彼外人与我漠不相关，犹几知声泪俱下，乃大声曰：'青年之人，尔知爱国乎！'我国人闻之而不知发愤者，无人心也；可耻者，聆其诚实清洁之说，讥我笑我，然我国之人奚有此事性质？彼以中国人尊德、诚实、清洁则国强矣。闻其说而羞耻之心不油然而生者，冷血也……"

这个十四岁少年的名字叫作徐志摩。从后来公开的《府中日记》和《留美日记》中，我们对徐志摩青少年时代的生活、感情与思想有了进一步的认识，也看到了一个跟大家印象中不太一样的徐志摩。

徐志摩一向被认为是个浪漫诗人，喜欢风花雪月，追求爱情与美感。但在青少年时代，他不只是个热血沸腾、充满豪情壮志的爱国志士，而且很喜欢科学，曾在校刊里发表《镭锭与地球之历史》，后来更专文介绍爱因斯坦的相对论，梁启超读后觉得获益良多。

每个人其实都有很多样貌，在不同的人生阶段也许会呈现出不同的样貌，但在不同的样貌中，似乎又存在着某种不变的特质。从徐志摩的人生与爱情中，我们看到他的多变与不变，而那种不变的特质就叫作"热情"——点燃生命，让灵魂发光发热的能量。就像法国文学家狄德罗所说："只有热情，伟大的热情，能将灵魂高举到伟大的事物上。"

青春的骚动

柔情乃肉欲的升华。

——弗洛伊德（奥地利精神分析学家）

英国有一个贵族子弟，在十二岁时，以前幼稚园的一个同学偷偷告诉他关于性的秘密，他听了觉得既刺激又有趣。十四岁时，他的私人教师向他表示，他即将经历一场重大的生理变化，他多少知道那意味着什么。十五岁，他开始有了性欲，而且强烈到他几乎无法忍受。

当他做功课时，想努力集中心神，却一直因性器的勃起而分心。也是在这个时期，他开始有了手淫的习惯。虽然他还算节制，但每次手淫后都觉得羞惭，努力想戒除它却戒不掉，直到二十岁开始谈恋爱了，才抛弃了它。

他也开始对女性的身体感兴趣，总想从窗户去偷窥家里的女仆换衣服，通常都失败了。后来，他还引诱某个女仆到一个秘密的房间，和她接吻、拥抱，在想进一步发展时，被严词拒绝了，他觉得自己有点病态，而且邪恶。

十六岁，他到一位老师那里补习，认识了一些年纪比他大的男孩。性是他们的主要话题，内容却非常粗鄙下流，这让原本对性充满向往的他感到极度震惊和幻灭。他和他们格格不入，在他们之间沉默不语，开始有了清教徒式的保守思想，认为性若没有爱便是兽行。

他叫伯特兰·罗素，后来成为20世纪最伟大的哲学家之一，也是1950年的诺贝尔文学奖得主。罗素在他的自传里坦承他在青少年时代对性的好奇、冲动与迷惘，他说："我要尽我所能把事情原样说出来，而不是我希望它该怎样。"其实，在那生理骚动的阶段，很多人也经历了类似罗素的性历程，只是大家没有像罗素这样诚实而坦然地将它们说出口而已。

罗素还告诉我们，就在他因性而分心时，他还产生了一种非常强烈的理想主义情感，变得对落日与云彩充满遐想，对诗、哲学和宗教极感兴趣。他后来才知道，这些其实也是源自性欲的，是不自觉的"性的升华"。这跟他在谈恋爱时忽然抛弃以前戒不掉的手淫的转变是一样的——盲目、冲动的肉欲因柔情而得到提升与净化。

也许，这就是人跟禽兽不一样的地方。人生不只是为了满足所谓的动物本能而已。

继承父亲的"衣钵"

让我们成为父子的不是血与肉,而是心。

——席勒(德国诗人)

在西班牙的一所美术学校里,一个少年望着在课堂上讲课的老师,比其他同学都更认真而且更具孺慕之情,因为这位老师正是他的父亲。由于父亲向校长请托,他才能在十一岁时就进入这所美术学校,接受父亲正规的教导。

敏感的他觉得父亲并不快乐。除了去美术学校,父亲几乎从不出门。下班回家后,也只是在画布上涂抹几下就搁笔。后来,连这点画兴也没了,成天坐在窗边,看着窗外的风景,一任岁月消逝。

他十三岁时,自己画了一幅名为《鸽子》的习作。父亲看了后非常振奋,立刻把自己的全套"衣钵"——调色板、画笔和颜料——都交给他,用意很明显,父亲认为儿子已充分展露才华,自己已经后继有人，而把希望都寄托在儿子身上。

不久，父亲在住家附近租了一间房子给他当个人工作室，让他专心作画，还每天去看他的进度。当他十六岁时，为了他的前途，父亲又送他到首都马德里一所知名的美术学校就读，接受更严格的训练，并开拓他的视野。

他就是巴勃罗·毕加索，后来成为很多人公认的20世纪最伟大、最具创意的画家。众所周知，毕加索喜欢"颠覆传统"，包括颠覆他自己。当然，他也颠覆了父亲想要他继承的画风和技巧。在青少年时代，他还为"怎么画"经常和父亲发生争吵。对于父亲，他始终充满了孺慕之情。

毕加索后来说："每当我画男人画像时，总要想起父亲。对我来说，男人就是唐·何塞，我的全部生命。"唐·何塞就是他父亲的名字。有一段时间，毕加索不只仰慕父亲，还极度依赖父亲。有些专家就指出，为了摆脱这种依赖，毕加索后来非常渴望自由，并将这种渴望转移到绘画创作上，取得了令人叹为观止的成就。

诗人席勒说："让我们成为父子的不是血与肉，而是心。"看看一位最颠覆传统、最具叛逆性的伟大艺术家如何谈起他的父亲，还有他对父亲的想法和感情，应该可以给那些看父亲"不顺眼"的青少年一些省思吧！

同中有异的哥们儿

没有一个人能吹一首交响曲,它需要一个乐团来演奏。

——卢科克(美国宗教学者)

在美国加州,有一个高中生利用暑期去打工时,认识了一个高他四届的毕业校友。两个人的名字相同,都叫史蒂夫,而且喜欢同样的音乐和新奇的电子玩意儿,彼此很投缘,很快就成为经常在一起厮混的好朋友。

但两人还是有相当的差异:他情感丰富,有艺术品位,对人与事有敏锐的直觉,而且能言善道;那个朋友却像个聪明的书呆子,是中学时代科学展览中的常胜军,虽然爱恶作剧,却害羞自闭,喜欢机器更甚于人际关系。尽管气质不一样,但共同的兴趣让两人奇妙地凑在一起,而且互相欣赏。

后来,他读了半年大学,觉得没什么意思而主动退学,转而去学禅修和书法，然后到一家电脑游戏公司上班。这时，他的那个朋友在知名的惠普公司当工程师，因为买不起电脑而自行拼装出一部个人电脑。他看了后，直觉这可以成为一个大事业，于是千方百计游说那个朋友和他一起创业。他提出一个建议：朋友只需专心设计电脑和相关配置即可，其他事项包括工作场所、资金、员工、产品推销等全都由他包办。于是，一家小小的公司就在他家的车库里正式挂牌开张了。

他就是闻名遐迩但不幸英年早逝的史蒂夫·乔布斯，而他的那个朋友叫史蒂夫·沃兹尼亚克，那家在车库里成立的公司就叫作"苹果电脑"。

现在大家一提到"苹果电脑"，想到的都是乔布斯，但发明苹果电脑的幕后功臣其实是沃兹尼亚克，有人因此为后者叫屈。不过，沃兹尼亚克对此安之若素，因为他原本就不喜欢抛头露面。乔布斯和沃兹尼亚克两个人的气质和长处都不同，不仅能互相弥补，而且互相需要。如果他俩分别去单打独斗，只会是个残缺的跛脚者；但两人分工合作、相辅相成，就会如虎添翼，变得所向披靡。

宗教学者卢科克说："没有一个人能吹一首交响曲，它需要一个乐团来演奏。"如果你渴望自己的生命能谱出华美的乐章，像一首交响曲般动人，那你需要去寻找一个或多个和你"同中有异"的作曲者与演奏者，而他们通常在你青春年少时，就已出现在你身边，等待你伸出友谊之手。

用教育点燃火苗

教育是点燃一个火苗,而不是填满一个容器。

——苏格拉底(古希腊哲学家)

民国初年,一个十六岁的青年满怀憧憬,从石门湾乡下来到杭州,就读于浙江省立第一师范。第一学年的学校生活枯燥又僵化,让他颇为失望。

在第二年,他遇到了一位从日本留学回来的名师。这位老师虽然只教图画、音乐,但他的国文比国文老师更精通,英文比英文老师更流利;而且教学认真,总是在上课之前就先在黑板上写好要讲的内容,坐在教室里等学生;上课铃响后,他站起来深深鞠一个躬,才开始讲课。

他非常崇拜这位老师,原本就喜欢画画的他,几乎是痴迷地跟这位老师学画。有一天晚上,他有事去找老师,告退时,老师又把他叫回来，郑重地对他说："你的画进步很快，在我所教的学生当中，从来没见过这样快速的进步！"这句赞美的话，特别是出自自己最崇拜的老师之口，对一个容易冲动的十七岁学生产生了难以想象的影响。

几十年后，他回忆起当晚的谈话，仍有点激动地说："先生的这几句话，确定了我的一生，可惜我不曾记得年、月、日、时，这一晚一定是我一生的关口，因为从这晚起我便打定主意，专心学画，把一生奉献给艺术，永不变志。"

他叫丰子恺，后来成了开创近代中国漫画新格局的美术宗师，也是散文名家。而那位让他感念不已的恩师则是李叔同，民初名士，后来落发为僧，被人尊称为弘一大师。丰子恺深受李叔同影响，不仅以艺术为职志，后来也留学日本，也以佛门弟子自居，思想超尘出世。

古希腊哲学家苏格拉底说："教育是点燃一个火苗，而不是填满一个容器。"为我们点燃火苗的一定是老师，而不是课本或知识。就像我们在回忆自己受教育的经验时，想起来的总是老师，而不是方法和技术。师生关系是一种非常特殊的人际关系，一位好的老师总是扮演着唤醒者与引导者的角色，他唤醒我们对理想的憧憬、对自己的期望；引导我们来到知识殿堂的入口，来到自己心灵的门槛。

"师父引进门，修行靠个人"，一个修行有成的学生总是对引他进门的老师怀着无限的感念。

将泪水化为彩虹

如果眼里没有泪水,灵魂中也不会有彩虹。

——美洲土著谚语

在波兰华沙的公立女子中学,有一个清秀的女学生,她聪明而又认真学习,每次考试都是第一名。但她并不快乐,因为当时波兰受沙俄统治,敏感的她对大家只能卑屈地在沙皇的淫威下生活感到非常郁闷。

有一天,同学库妮卡悲痛地告诉她一个不幸的消息:库妮卡的哥哥因参加反抗沙俄统治的叛乱团体而被捕,明天早上就要执行死刑。在课堂上,她无心听讲,脑海里一直浮现着绞架、刽子手和一个燃烧热情的青年脸庞。当天放学后,她和几个同学到库妮卡家陪伴库妮卡。小小的房间里弥漫着愤怒与悲伤的气息,他们愤怒的是沙俄一再屠杀自己的同胞和亲人,悲伤的是他们似乎只能束手待毙。

她们一直守候在库妮卡的身边安慰她，用冷水浸敷她哭肿的眼睛。当窗外出现黎明的曙光时，这个清秀的女学生表情严肃而悲凄，因为此时正是库妮卡的哥哥生命结束的时刻。她和其他六个少女跪下来，祈祷一位爱国志士安息；当她放开捂住自己秀丽脸庞的双手时，下定决心，身为一个波兰人，她有责任为自己的民族和国家做一些事。

她叫玛丽·斯克沃多夫斯卡，后来以"居里夫人"的称呼为世人所知，因为她后来负笈巴黎，嫁给了法国科学家皮埃尔·居里。三十六岁时，她和丈夫因对镭的研究而荣获诺贝尔物理学奖。四十四岁时，她又以纯镭的制造再度获得诺贝尔化学奖。

虽然大家都称她为居里夫人，但在提到她时，大家想到的并不是她的丈夫，而是波兰——她念念不忘的祖国。三十一岁时，她将她和丈夫发现的一种新元素命名为钋（Po），就是为了纪念她那从欧洲地图上消失的祖国波兰。六十五岁时，她最后一次回到华沙，受到同胞热烈的欢迎。当时波兰已经独立，而总统正是三十三年前在巴黎得到她帮助的一位革命同志。从同胞们那充满希望的眼神中，她想起自己在少女时代的悲怆与许诺，不禁热泪盈眶。

"如果眼里没有泪水，灵魂中也不会有彩虹。"覆巢之下无完卵，失去国家让人痛苦与悲伤，所谓"国家兴亡，匹夫有责"，居里夫人为自己找到了最适合的报国途径，以她的才智、努力和行动，将泪水化为彩虹。

为成为英雄的伴侣而生

爱情不是两人彼此凝视,而是两人朝着同一个方向看。

——圣-埃克苏佩里(法国小说家)

在法国巴黎,一个十五岁的女孩在学校放暑假时,和好友到郊外划船。在湖边小径上,看着走在前方的一对情侣,男孩轻轻把手放在女孩的肩上,她心里有股莫名的感动,忽然幻想也有一只手温柔地搭在她肩上,她将和这个男生携手迈向人生的旅程,永远不再孤单寂寞。

后来,当她在书桌前读书时,经常会抬起头来,望着窗外的风景自问:"我会遇到一个为我而存在的男人吗?"而这个男人又是什么模样呢?她感到好奇,但她生活的周遭,还有她阅读的书本似乎无法为她提供一个明确的典型。

直到有一天,她在《爱勒》一书里读到女主角爱勒的父亲对她说："爱勒，像你这样的女孩，是为成为英雄的伴侣而生的。"她感到震惊，但也直觉这就是关于她未来的预言。虽然她不知道未来的伴侣是何模样，但她知道那一定会是个以他的智慧、文化涵养、专业权威让她折服，让她热烈钦慕的男人。

那个被选上的男人必然是深深烙在她心灵深处的英雄形象。但天下女子何其多，她要靠什么让英雄选上她呢？一想到这里，她那追求知识的热情就燃烧得更炽烈了。

她叫西蒙娜·波伏瓦，高中毕业后即进入巴黎大学，主修哲学，并在二十一岁时以第二名的成绩通过哲学教师考试，后来成为杰出的存在主义小说家与女性主义者，所著《第二性》一书已成为女性主义的经典著作。

被波伏瓦选上的男人名叫让－保罗·萨特，他不仅在当年的哲学教师考试中胜过波伏瓦（他是第一名），后来更成为存在主义哲学大师、1964年的诺贝尔文学奖得主，是法国的"知性英雄"。当然，波伏瓦也成了被萨特选上的女人，他们虽然没有正式结婚，但两人志趣相投、出双入对，是人人称羡的神仙爱侣。

诗人纪伯伦说："爱是一个光明的字，被一只光明的手，写在一张光明的纸上。"少女情怀总是诗，在对爱情充满憧憬的年代，每个少女心中都有她们各自的英雄。要像波伏瓦般找到她少女时代的"梦幻英雄"，并与之为伴，首先你必须先具备也能让英雄倾心、折服的特点。

为过错真心忏悔

只有受过爱之箭的伤者,才知道爱的能力。

——甘地(印度圣雄)

在印度,一个原本乖巧的中学生认识了一个高年级的革新派朋友。这个朋友告诉他,印度之所以衰弱,就是因为大家不吃肉。朋友在吃肉后,不仅身体变强壮了,而且不怕鬼,还能用手捉活蛇。于是,在抱着改革热望和好奇心的驱使下,他违背了家族的宗教戒律,也开始偷吃肉。

在另一位亲戚的引诱下,他又染上了吸烟的嗜好,而且偷窃用人的零用钱来买烟抽。他甚至对"凡事必须得到长辈许可"感到不满与难过,决定自杀。幸好在吞下两三粒有毒的花籽后,就因为怕死而打消了自杀的念头。

十五岁时,他从自己哥哥的纯金手镯上偷偷剪下一块金子去变卖，好还清债务。但在还了债后，他感到的不是轻松，而是无比懊悔与痛苦，于是他决定向卧病在床的父亲忏悔。但他不敢当面告诉父亲，而是写了悔过书，亲自交给父亲。在悔过书中，他不但认罪，还请父亲责罚他，请求父亲不要因他的过错而自责，并应许父亲今后永不偷窃。

他以为父亲会生气地责骂他，谁知道父亲在看完后，眼泪像珠子般流到双颊，把纸也弄湿了。在闭目片刻后，父亲把悔过书撕了。他看到父亲的痛苦，自己也掉下泪来。

他就是莫罕达斯·甘地，后来以非暴力的"不合作运动"领导印度人民脱离英国的殖民统治而被尊称为"圣雄"。甘地在他的自传里毫不隐瞒他青少年时代做过的种种荒唐或不好的事，有人也许会因此皱眉，但只有真诚而德行高超的人才能如此坦然地面对自己的过去。

每个人在青少年时代都会面临服从与反抗、纪律与自由、理想与欲望、善与恶的冲突，在这种冲突中，甘地也叛逆过、堕落过，最后还是他的理想与善念战胜了欲望和恶念，不再吃肉、吸烟、偷窃、自杀，而且真心忏悔。年老时，他说当年将悔过书交给父亲的那一幕仍历历在目："那从爱中迸出的珍珠般的泪水，洁净了我的心，洗清了我的罪……只有受过爱之箭的伤者，才知道爱的能力。"

人难免会犯错，重要的不是从不犯错，而是知错能改，真心忏悔。为过错而忏悔就好像一朵鲜花清除它表面的污点，会让你变得更洁净、明亮与强壮。

请掸去老师桌上的灰尘

老师给我们的不是他的智慧,而是他的信念和热爱。

——纪伯伦(黎巴嫩诗人)

有一个十三岁的德国少年,为了准备考试,从乡下来到大城市,进了一所类似补习班的拉丁文学校恶补。校长保尔是个以暴力闻名的斯巴达式教育家,弯腰驼背、不修边幅、穿着邋遢、一脸悲戚。当第一次看到他时,少年对自己竟然被交给这样一个"老巫师"感到既失望又郁闷。

没多久,他就对这位老巫师的丰富学识大为佩服,上课时总是怀着仰慕的心情认真听讲。读书不只是为了考试,保尔校长唤起了他追求知识与真理的理想和使命感,成为他崇拜、追随与模仿的典范。

他在班上表现出色,保尔校长也非常看重他,一句"你念得真不错"的嘉勉就能让他幸福好几天,并且越发努力。保尔校长曾指派给他一项任务:每天用一根鸡毛掸子去掸除校长桌上的灰尘。他甚感光荣与得意,因为他觉得这是好学生才有的殊荣。有一天,保尔校长改叫另一位同学去清理桌上的灰尘,他因此而心中很不是滋味,觉得"这对我真是重罚"。

这个学生叫赫尔曼·黑塞,补习一年后,他不仅顺利通过考试,而且后来成为一位杰出的小说家,以《德米安:彷徨少年时》等名作荣获1946年诺贝尔文学奖。

黑塞在《学生时代的回忆》这篇文章里说,在这所拉丁文学校的时间虽短,却是他所有学校生涯中,"唯一做善良学生、敬爱老师、认真读书的时期",因为他遇到了一位让他敬佩的老师。保尔校长让他仰慕的不是翩翩的风度,而是校长的理想和渊博的学识,"精神指导者与有才华学生之间那种丰富无比又非常微妙的关系,已在保尔校长和我之间开花结果"。就是这样一种师生关系,使叛逆心强的少年黑塞心甘情愿"服侍"老师,每天替老师清洁桌面。

如果现在有老师要学生每天掸去老师桌上的灰尘,可能有不少学生会回家向家长抱怨,家长则会立刻到学校兴师问罪。一件曾被当年的黑塞认为是师生之间十分美好的差事,如今很可能变成老师不敢说、学生不想做、家长说老师在"侮辱"他小孩的麻烦。如果是这样,那么现在的教育显然失去了某些重要的东西。

人生需要典范

有大意志力的地方,就不可能有大困难。

——马基雅维利(意大利政治哲学家)

一个从中国台湾到日本深造的少年围棋手,有一天到箱根去拜访一位前辈。前辈邀他对弈,称赞他进步很多,并以过来人的身份劝慰他:只身在国外,遇到烦恼或挫折时,要懂得自我排解。说着,还用毛笔写了白居易的一首诗"蜗牛角上争何事,石火光中寄此身。随富随贫且欢乐,不开口笑是痴人"送给他。

前辈要他好好体会,并提醒他,虽然说遇到不如意的事不要钻牛角尖,但凡事还是要尽力而为。就拿下围棋来说,没有两盘棋是完全相同的,所以每盘棋都应该重视,不仅要认真下,对弈后还要认真研究和思考,这样才能百尺竿头,更进一步。

当晚,前辈留他在家里过夜。深夜,他起床上厕所,经过前辈房间时，发现在微明的灯光下，前辈依然像一位入定的高僧、一位认真教学的老师、一名专心思考的学者，在藤凳上正襟危坐，面对着棋盘。他忽然想到：难道前辈是在复习与思考今晚和他下的那盘棋？

他一下子睡意全消，因为前辈思考得那样专心，完全没有察觉到他的存在。这一幕永远铭印在他的脑中，之后每当他陷入低潮时，就会拿出前辈送给他的那首诗，眼前浮现出前辈正襟危坐的情景，从而得到支撑与前进的力量。

他就是旅日的围棋高手林海峰，而那位前辈就是吴清源。林海峰从小就有"围棋神童"之誉，十岁时和返回台湾岛的旅日高手吴清源在中山堂对弈，让吴清源惊为天人，进而鼓励他到日本深造。到日本的头一两年，他却成了叛逆少年，行为放荡，不把认真学棋当一回事，让很多人担心与失望。

对他的情况已有所闻的吴清源于是邀他到箱根一游，和他再下一盘棋，趁便把自己排忧解闷的方法告诉他，更以自己的作为让他领悟要成为一名顶尖的围棋高手需要下多少功夫。林海峰在耳濡目染之下，深受启迪，开始自我反省与自我砥砺，重燃成为顶尖棋手的梦想。

言教不如身教。当青少年的言行出现偏差或彷徨忧闷时，他需要的不是训诫，而是典范——需要有人给他过来人的切身经验，还有可以学习的榜样。

没有改变就没有成长

想要改变世界,先要改变自己。

——甘地(印度圣雄)

在台湾省宜兰罗东中学的布告栏前,一个初中生伸出拳头,"哐"的一声打破了布告栏的玻璃——因为他不想让女同学看到他被公布出来的不及格的成绩。结果,他被学校勒令退学。在转学到头城中学后,他又因为打架再度被退学。

心情郁闷的他在某个冬日只身搭乘货车前往台北,在一家电器行当学徒,利用空当发愤用功,决定以同等学力考上一所好学校,让故乡的人刮目相看。皇天不负苦心人,他考上了台湾省首屈一指的台北师范学校。父亲很为他高兴,可惜没过多久,他又因打伤学校警卫再度惨遭退学。

于是,他又从台北师范转到台南师范。也许他当时是个血气方刚的火暴浪子，看到不顺眼的人和事，就忍不住想用拳头解决；也许他在每个学校所留下的不良记录如影随形地跟着他，使他每到一处就未演先轰动。总之，他在台南师范又因打架被退学。

对此，他心中百感交集，认为学校要将他退学是不了解他的成长过程，因而写了厚厚一沓"陈情书"，爬气窗放到校长的桌上。校长看了，但成命已难收回，不过还是好心地将他介绍到屏东师范学校。而他，终于在这里读到毕业。

他就是后来写出《儿子的大玩偶》《看海的日子》《莎哟娜啦·再见》等感人小说的黄春明。看他在前述小说里所流露出来的柔软心与悲悯情怀，实在很难想象他过去是个一再打架滋事、一再被退学的资深不良少年。

我们也不能因为一个青少年一再地好勇斗狠、打架滋事，就认定他是个不堪教化的社会败类。凡事必有因，在被台南师范退学时，黄春明之所以会写"陈情书"给校长，就是因为他对自己的坎坷成长路感到委屈，有话要说。所以，不管是老师还是同学，遇到这种情况，也许应该先学会倾听。更重要的是，人是会改变的，当他用打架的手拿起创作的笔后，我们看到了不一样的黄春明，而昔日那些无情地将他退学的学校，也都纷纷将他改列为"杰出校友"。

没有改变，就不会有成长。相信人会成长的人，也相信人会改变，而且可以变得更好。

在爱中发现善与美

在爱情的触摸下,每个人都变成了诗人。

——柏拉图(古希腊哲学家)

在德国法兰克福,有一个少年很会写诗。十三岁生日那天,他把自己的第一本诗集献给了挚爱的父亲。他的诗越写越出色,十四岁时,在一群好友的怂恿下,他用一名含羞少女的口吻,写了一首情诗,向某个少年吐露爱慕之意。有人真的将这首情诗寄给那个少年,少年看了既感动又高兴,也很想写一首情诗回报,但因为自己没有什么文采,竟然来找他,恳请他代笔,弄得他啼笑皆非。

不久,在朋友的聚会中,他认识了一位非常漂亮的姑娘,立刻为之着迷,不论走到哪里,脑海里总出现她的倩影。这位姑娘似乎也很欣赏他的才华,两人经常一起出游,他很快就陶醉在爱情的美梦中。

有一天，姑娘在众人面前提起他时却说："我是很喜欢见到他，但我一直把他当作小孩子看待。我对他的感情，仅仅是一个做姐姐的感情。"这番话大大伤了他的自尊心，爱情的破灭让他的泪水沾湿了夜里的枕头，他吃不下、睡不着，整天浑浑噩噩的，觉得生命再也没有任何意义。

他叫约翰·沃尔夫冈·冯·歌德，也就是后来名闻遐迩的大文豪、大情圣。他的这位初恋情人名叫葛蕾琴。被初恋情人视为"小孩子"，的确会让人痛不欲生，但经过一段时间的痛苦和失落，他到外地游走，排忧解闷，重新振作起来，立志要当一位大学教授。后来，他的成就远远高于大学教授，而且情史不断，直到八十岁时，还爱上一个十七岁的少女。

歌德在其名著《少年维特之烦恼》序言里说："哪个少男不多情？哪个少女不怀春？此乃人性中的至洁至纯。啊！怎么从中有悲痛迸出？"爱情令人向往，特别是对情窦初开的少男少女而言，但很少人有"完美的初恋"。不管当时自己觉得多么悲痛或可笑，那都是值得珍惜的回忆。就像歌德后来所说："一个未曾腐化的纯洁青年，其最初的恋爱是完全循着精神方向进行的，造物主是要一个人在异性中具体发现善和美。"

不管结局如何，每个人都应该为自己有爱的能力、有在爱中发现善与美的能力感到高兴。

对美德典范的热情崇拜

在年轻人的颈项上,闪烁着志业的高尚光辉,无任何珠宝能及。
——哈菲兹(波斯诗人)

在莫斯科,有一个出身贵族的十三岁少年,因为父母不幸相继去世,不得不到远方去投靠他的一位姑姑。姑姑和姑丈过着奢靡的生活,但心地纯良的少年到了那种环境中,不仅不羡慕,心里反而相当苦闷。

因为当他表示想要做个有道德的人时,总是遭到轻视和嘲笑;而只要他稍微自暴自弃,就立刻受到赞扬和鼓励。他越来越孤独,也越来越倾向于内在的精神生活。除了阅读哲学著作、思考灵魂与人类使命的问题,他还会把手放在火炉上烤,再伸到通风的窗口去冻,借此来锻炼自己的意志。

就在这精神孤独的时期,他遇到了大他几岁的吉雅科夫,两个人很快因气质相近、意气相投而成为挚友。吉雅科夫对很多事情的看法都引起他的共鸣，他如饥似渴又如醉如痴地聆听并吸收吉雅科夫的各种见解，同时也在吉雅科夫面前透露自己从未向人透露的思想与感受。和吉雅科夫在一起，不仅让他沐浴在友谊的温馨中，更让他看到一个清明而美好的世界正在向他招手。

他就是后来写出《战争与和平》《安娜·卡列尼娜》等文学巨著的俄国大文豪列夫·托尔斯泰。虽然在成年后他也曾经浪荡，但后来还是浪子回头，回归他在少年时代所向往的清纯生活。

托尔斯泰后来的成就当然远远超过了吉雅科夫，但他还是非常感激和怀念这位少年友人。在自传体小说《少年》里，托尔斯泰说："我不知不觉被他（吉雅科夫）的倾向同化了，这种倾向的实质就是对美德典范的热情崇拜，相信人生的目的就是不断地自我完善。在当时看起来，使全人类改邪归正，消灭人类的一切罪恶和不幸，好像是行得通的；而自我完善，接受一切美德，做个幸福的人，也似乎轻而易举……"

波斯诗人哈菲兹说："在年轻人的颈项上，闪烁着志业的高尚光辉，无任何珠宝能及。"这正是年轻人可爱也最值得珍惜的地方，虽然在日后的回忆里，这种纯然的热情看起来似乎有点少不更事，但在青少年时代，能有这样的热情和友谊，其实是非常幸福的。